和秋叶一起学 PPT

秋 叶 / 陈陟熹
◎ 著

第4版

人民邮电出版社
北 京

图书在版编目（ＣＩＰ）数据

和秋叶一起学PPT / 秋叶，陈陟熹著. -- 4版. --
北京 ： 人民邮电出版社，2020.2 （2022.7重印）
ISBN 978-7-115-52016-6

Ⅰ. ①和… Ⅱ. ①秋… ②陈… Ⅲ. ①图形软件
Ⅳ. ①TP391.412

中国版本图书馆CIP数据核字(2019)第197269号

内 容 提 要

如果：

你是零基础 PPT "菜鸟"，又想用最短时间成为 PPT 高手，这本书适合你；

你是 Office 2003 版的资深用户，现在想学习 Office 2013/2016/2019 版的功能，这本书适合你；

你是常年被老板 "虐" 稿，加班熬夜重做 PPT 的职场人，想又快又好做出工作型 PPT，这本书适合你；

你是想选一本知识点齐全的图书作为案头的 PPT 操作教程，不用挑了，这本书适合你。

本书帮你解决了 3 个问题：

快速掌握 PowerPoint 最新版本的功能操作；

快速领悟 PowerPoint 页面美化的思维方法；

快速查找 PowerPoint 构思需要的各种素材。

我们不但告诉你怎么做，还告诉你怎样操作最快最规范！

我们不但告诉你如何做，还告诉你怎样构思最妙最有创意！

◆ 著　　　　秋　叶　陈陟熹

责任编辑　李永涛

责任印制　王　郁　马振武

◆ 人民邮电出版社出版发行　　北京市丰台区成寿寺路 11 号

邮编　100164　电子邮件　315@ptpress.com.cn

网址　http://www.ptpress.com.cn

临西县阅读时光印刷有限公司印刷

◆ 开本：690×970　1/16

印张：26.5　　　　　　　2020 年 2 月第 4 版

字数：419 千字　　　　　2022 年 7 月河北第 22 次印刷

定价：99.00 元

读者服务热线：(010)81055410　印装质量热线：(010)81055316
反盗版热线：(010)81055315
广告经营许可证：京东市监广登字 20170147 号

系列书序

如果你第一次接触这套丛书，我坚信这是你学习 Office 三件套软件的上佳读物。

你现在看到的是这本书的第 4 版。

我们收到了很多热心读者的反馈，在原有版本的基础上，我们做了以下优化迭代：

1. 对章节顺序和结构进行优化，更符合初学者的学习需求；
2. 更新了系列图书的知识体系，增补了崭新的知识点；
3. 专门录制了配套的案例操作视频，辅助读者学习；
4. 软件使用 Office 365，截图和操作演示全部换成了新版本；
5. 重新设计了版式，优化了排版，提升读者学习体验。

秋叶团队自 2013 年全力以赴做 Office 职场在线教育，已经成为国内很有影响力的品牌。截至 2019 年年底，就有超过 50 万学员报名和秋叶一起学 Office 课程。

我们的主创老师，使用 Office 软件都有 10 年以上的经验，在网络上给 Office 学员坚持答疑多年。我们非常了解，很多时候你的办公效率低，仅仅是因为不知道原来 Office 还可以这样用。我们深刻理解初学者在学习 Office 时的难点和困惑，因此，编写系列图书秉承了"知识全、阅读易、内容新"的原则。迎合当今读者的阅读习惯，让图书既能够系统化学习，又能碎片式查阅；既简洁明了，又让操作清晰直观；既着重体现 Office 常用核心，同时又包含工作中会用到但未必常用的冷门偏方，还要兼顾新版本软件的新功能、新用法、新技巧。

我们给自己提出了极高的挑战，希望秋叶系列图书能得到读者的口碑推荐，发自内心的喜欢。

对于"秋叶"教育品牌的新朋友，我们提供的是一个完整的学习方案。

"秋叶系列"包含的不仅是一套书，而是一个完整的学习方案。

在我们的教学经历中，我们发现要真正学好 Office，只看书不动手是不行的，但是普通人往往很难靠自律和自学就完成动手练习的循环。

所以购买图书的你，切记要打开电脑，打开软件，一边阅读一边练习。

如果你想在短时间内尽快把 Office 提高到胜任职场的水平，我们推荐你报名参与我们的线上特训营，一众高水平的老师针对重点难点直播讲解、答疑解惑，还能和来自各行各业的同学一起切磋交流。这种学习形式特别适合那些有拖延症、需要同伴和榜样激励、想要结识优秀伙伴的读者。

如果你平时特别忙，没办法在固定的时间跟随老师的直播和交作业，又想针对工作中不同的应用场景找到解决方法，那就推荐你去网易云课堂，选择同名的在线课程，看视频，搭配图文教程，安排计划自学，不限时间，不限次数。

你还可以关注微信公众号"秋叶 PPT""秋叶 Excel"，通过持续阅读我们每天推送的各种免费 Office 文章，或者在抖音上关注"秋叶 PPT""秋叶 Excel""秋叶 Word"，在空闲时强化学习知识点，在大脑里加深记忆，就可以帮助自己轻松复习，进而直接把知识运用到工作中。

是不是发现，在哪里都能够看到我们的身影？

是的，依据读者的学习场景需求，我们提供了层次丰富的课程体系：

图书——全面系统学习知识点、方便快速翻阅、快速复习；

网课——循序渐进的案例式视频教学，针对具体场景的解决方案宝典，方便不限次数不限时间学习；

线上班——短时间、高强度、体系化训练，直播授课、答疑解惑快速提升技能水平；

线下班——主要针对企业客户，提供 1～2 天的线下集中培训；

免费课——微信公众号和抖音等平台持续更新的干货教程，短平快地获取新知识、复习旧知识，打开眼界和思路。

一个知识点，只有经过不同场景和案例，反复运用，从器、术、法、道不同的层面，提升认知，你才能真正掌握。

我们用心搭建一个学习体系，目标只有一个，降低读者的选择成本 ——学 Office，找秋叶就够了。

对于"秋叶"教育品牌的老朋友，我想说说背后的故事

2012 年，我和佳少决心开始写《和秋叶一起学 PPT》的时候，的确没有想到，7 年以后一本书会变成一套书，从 PPT 延伸到 Word、Excel，每本书都在网易云课堂上有配套的在线课程。

可以说，这套书是被网课学员的需求逼出来的。当我们的 Word 课程销量破 5000 人之后，很多学员就希望在课程之外，有一本配套的图书，方便翻阅。这就有了后来的《和秋叶一起学 Word》。我们也没想到，在 Word 普及 20 年后，一本 Word 图书居然也能轻松销量超 2 万册，超过很多计算机类专业图书。

2017 年，我们的 Excel、Word 课程单门学员都超过 1 万人，推出《和秋叶一起学 Word/Excel/PPT》图书三件套也就成为顺理成章的事情，经过一年的艰苦筹划，我们终于出齐了三件套图书，而且《和秋叶一起学 PPT》升级到第 3 版，《和秋叶一起学 Word》升级到第 2 版，全面反映 Office 软件最新版本的新功能，新用法。

2020 年，在软件版本升级、收集众多学员需求反馈的情况下，我们对三件套再次升级。

- 更新了系列图书的知识体系，增补了崭新的知识点；

- 优化了排版，提升了阅读体验；
- 专门为每本书录制了配套的案例讲解视频。

你在学习中随时扫码，就可以看到详细的操作视频。

现在回过头来看，我们可以说创造了图书销售的一种新模式。要知道，在 2013 年，把《和秋叶一起学 PPT》定价 99 元，在很多人看来是一种自杀式定价，很难卖掉。而我们认为，好产品应该有好的定价。我们确信通过这本书，你学到的东西远超 99 元。实际上，这本书的销售早就超过 30 万册，创造了一个码洋超三千万元的图书单品，这在专业图书市场上是非常罕见的事情。

其实，我们当时也有一点私心，我们希望图书提供一个心理支撑价位，好让我们推出的同名在线课程能够有一个好的定价。我们甚至想过，如果在线课程卖得好，万一图书销量不好，这个稿费损失可以通过在线课程销售弥补回来。但最后是一个双赢的结果，图书的销量爆款带动了更多读者报名在线课程，在线课程的学员扩展又促进他们购买图书。

更没有想到的是，我们基于图书的专业积累，在抖音平台分享 Office 类的技巧短视频，短短 1 年时间就吸引了 1500 多万粉丝。因为读者和网课学员对我们专业积累和教学质量的信任，我们的 Office 职场类线上学习班（特训营）也很受欢迎。目前已有的学习班包括 Office 快速入门、Excel 数据处理、工作型 PPT、PPT 设计进阶、时间管理、职场好声音、手机摄影、职场理财等，截至 2019 年 8 月，不到一年时间里已累计开展 35 期，吸引了 4000 多学员跟我们一起修炼职场技能，提升竞争力。

这是产品好口碑的力量！

图书畅销帮助我们巩固了"秋叶系列"知识产品的品牌。所以，我们的每一门主打课程，都会考虑用"出版 + 教育"的模式滚动发展，我们甚至认为，这是未来职场教育的一个发展路径。

　　我们能够走到这一步，感谢一直以来支持我们的读者、学员及各行各业的朋友们，是你们的不断挑刺、鞭策、鼓励、陪伴和自愿自发的扩散和推荐，才让我们能持续迭代。是你们的认可让我们确信，自己做了对的事情，也让我们不断提高图书的品质有了更强的动力。

　　最后要说明的是，本系列书虽然命名为"和秋叶一起学"，但今天的秋叶，已经不是一个人，而是一个强有力的团队，是一个学习品牌的商标。我们很幸运遇到这样一群优秀的小伙伴。我们作为一个团队，大家一起默默努力，不断升级不断完善。

　　希望爱学习的你，也爱上我们的图书和课程。

前　言

大家好，欢迎各位来到 PPT 的世界！我是秋叶老师，你们的"新手村向导"。作为一名尽职尽责的接待员，我在这里已经工作了 6 年，迎接了无数想要学好 PPT 的有为青年，他们之中有很多后来都成为了 PPT 世界的高手，其中的一些佼佼者甚至名震一方，成为这个世界里响当当的大人物。

可是你知道吗？当初他们刚来到这个 PPT 世界，也和你一样满心疑惑："我到底该怎么学习 PPT？""已经工作了几年，现在学 PPT 还来得及吗？"别急别急，你们想要问的这些问题，接下来我都会挨个儿解答！

答疑时间到！

Q：我什么都不会，这本书适合我看吗？

A：本书总的来说，适合这些朋友学习

1. 零基础的 PPT 菜鸟。本书语言通俗易懂，充分考虑了初学者的基础知识水平，涵盖了资源搜索、素材组织、元素处理、动画应用等 PPT 制作的各个环节。哪怕你以前从来没做过 PPT，也不会影响你看懂本书中的内容。

2. 想对新版 Office 有更多了解的用户。本书所有内容及案例截图均使用最新的 Office 365 版本，保证大家学到全而新的功能。如果你暂未使用 Office 365，也可以通过本书间接地了解许多新版本 Office 的便利功能。

3. 空闲时间碎片化严重的学习者。最近几年，各种知识付费的社群和训练营在社交媒体上搞得风风火火，但很多人因为工作繁忙，报名后往往无法按时参加学习、坚持每天完成作业，落下进度一多，就很容易放弃。本书按

照知识结构进行组合，每个知识点的内容只有 2~5 页，非常方便大家利用碎片化时间进行学习，每次学习 2~3 节，时间和强度上都没有压力，更容易坚持。

答疑时间到！

Q：和其他同类书籍比，这本书有什么特色呢？

A：其实如何写出特色也正是这本书写作时考虑得最多的问题

我问自己：我们为什么要学习 PPT？是要立志成为微软公司下一代 Office 的开发者吗？是要成为 Office 应用能力认证的考官吗？所以……

为什么要花大量时间去逐一熟悉软件功能呢？

对于大部分人来说，学习 PPT 就是为了满足日常工作需要，而在许多公司和企业，工作汇报 PPT 有专用模板，老板也不喜欢满篇特效和动画，所以……

为什么要陷入过分追求技术高大上的深坑呢？

正是因为有了这些思考，本书从构思和写法上都体现出了与过去绝大多数讲 PPT 功能的书籍都有着明显区别的特点：

绝大多数写PPT功能的书	我们的书
按软件功能组织	按实际业务组织
截屏+操作步骤详解	图解+典型案例示范
书+花样模板	书+实战案例+高效插件
只能通过书籍单向学习	同名在线课程+微博+微信公众号

另外，我们又不像一些侧重于讲 PPT 审美的书籍那样，给出很多案例却很少讲操作，让读者陷入"知道该做成这样却不知道如何才能做成这样"的困境。

答疑时间到！

Q：看完这本书，我都能学到哪些知识技巧呢？

A：关注学习者能力的实际提升，正是本书组织模式搭建之源

过去绝大部分讲 PPT 操作的书籍是按照软件功能模块来组织：要么是按菜单功能逐一介绍讲解，要么是按版式、文字、表格、图表、动画来介绍，或讲几个案例。我们觉得这些组织方式都不错，但看完之后，学习者的 PPT 制作能力能提升多少呢？

所以，我们的组织模式是：

章节内容	对应的思路	涵盖的知识
1. 快速找对材料	先有素材，再做构思	找到PPT所需各种材料
2. 快速统一风格	先定规范，再做设计	4步搞定PPT总体风格
3. 快速导入材料	先有内容，再做删减	快速导入PPT各种素材
4. 快速完成排版	先有方法，再做排版	高效对齐PPT页面元素
5. 快速美化细节	先有思路，再做美化	千变万化PPT页面修饰
6. 快速完成分享	先有干货，再做分享	分享PPT到电脑、网盘、微博
7. 快速提升效率	先有神器，再做提速	功能高大上的PPT插件

虽然我们知道有很多年轻的小伙伴，特别是还在读大学的朋友，他们是真的喜欢 PPT，喜欢反复打磨作品、做到极致。但对于更多已经工作的大朋友来

说，**制作 PPT 并不是一件令人愉悦的事情，很多时候真的是情非得已……**

所以，抓住大部分人的实际需求，有针对性地进行讲解，着重体现**高效**和**套路化**，亦是本书组织安排内容的重要准则。

答疑时间到！

Q：这本书有没有什么附送资源呢？

A：当然有！来，让秋叶老师手把手教你下载我们提供的配套资源！

Step 1：关注我们的公众号——秋叶 PPT

点击微信对话列表界面顶部的"搜索框"，然后点击【公众号】，在搜索框中输入关键词"PPT100"，最后点击键盘右下角的【搜索】，加关注即可。

▲ 关注"秋叶 PPT"公众号，获取图书配套资源

Step 2：在微信中发送关键词

进入公众号对话界面后，发送关键词"秋叶 PPT 图书"，即可获取我们为大家精心准备的图书配套资源下载链接。

答疑时间到！

Q：除了看书自学，还有别的学习渠道吗？

A：害怕一个人坚持不下去？来网易云课堂参加我们的在线课程吧！

虽然本书通过各种方式尽可能地把新手学习 PPT 的难度降到了最低，但秋叶老师也知道，对于大多数人来说，学习毕竟不是一件轻松愉快的事，特别是当身边没有同伴的时候。

想要和更多小伙伴一起学习？不妨到"网易云课堂"去搜索"和秋叶一起学 PPT"，参加这门畅销多年的在线课程，和 7 万多学员一起学习成长吧！

参加在线课程付费学习的理由

1．针对在线教育，打造精品课程：秋叶 PPT 核心团队针对在线教育模式研发出一整套 PPT 课程体系，绝不是简单复制过去的分享。

2．先教"举三反一"，再到举一反三：这套课程为你提供了大量习题练习及参考答案，秋叶老师相信，经过这样的强化练习，你一定能将各种 PPT 制作技巧运用自如。

　　3．在线同伴学习，微博微信互动：我们不仅分享干货，还鼓励大家微博、微信分享互动！我们不是一个人，而是 76000 多个小伙伴。来吧，加入"和秋叶一起学 PPT"大家庭，就现在！

答疑时间到！

Q：基础的 PPT 没问题了，有没有提高的课程？

A：必须有！工作中如何高效快速地搞定 PPT 制作，这门课最适合你！

　　如果说"和秋叶一起学 PPT"是一门带你真正学会 PPT 的基础性课程，那么"工作型 PPT 应该这样做"就是一门注重实战运用的实用性课程。

　　这门课不聚焦于软件功能，而是按实际工作中的需求场景进行展开，分门别类地讲解了团队介绍、时间轴、图表汇报、产品介绍、年终总结等各种类别 PPT 的制作，让你学了就能用，用了就能见成效。想要提高？选它准没错！

目　录

1 哪里才能找到好素材　_ □ ×

快速打造高富帅PPT

3　快速导入多种类材料

4 怎样排版操作更高效　　　　　— □ ✕

5 怎样设计页面更美观 　 ＿ □ ✕

6 　怎样准备分享更方便　　　　　　　　_ □ ✕

7 善用插件制作更高效 ＿ □ ×

1

哪里才能
找到好素材

- 找不到好图片？不知道怎么搜？
- 找不到好字体？不知道怎样装？

这一章，学完便知！

1.1　什么是PPT中的素材

一直以来，那些称得上"优秀"的 PPT，通常都做到了以下两点：第一，能展现出设计者严密的逻辑；第二，能带给观众赏心悦目的感受。

关于前者，如何才能让 PPT 更具逻辑性，从而表述出准确而又强有力的观点，本书不做过多探讨。如果你想要在这方面获得提高，推荐你去阅读《说服力：让你的 PPT 会说话》一书。该书以逻辑为线索，深入剖析了为什么制作 PPT 要重视逻辑，以及让 PPT 的内容架构更具逻辑性的具体方法，对于提升 PPT 的逻辑性有很大帮助。

▲ 2018 新版《说服力：让你的 PPT 会说话》

而对于后者，想要构建出一份赏心悦目的 PPT，我们就必须借助于大量优质的素材。这些用来美化 PPT 的素材就是我们制作 PPT 的原材料。

PPT 新手往往只注意 PPT 上的背景、图片或关系图示，却忽略了设计的元素还包括字体、配色、版式等细节，对作者使用了何种设计手法来整合这些元素更是知之甚少，所以很多人才会产生"做 PPT ＝ 找个好看的模板 ＋ 填上自己的内容"的误解。

我们在学习和阅读 PPT 时，除了要学习作者的逻辑和设计创意，也要留心作者利用哪些设计手法强化了 PPT 的说服力。

如下面这一页 PPT，选自 @Simon_ 阿文 的《几何城市》主题模板。页面上几乎只有一个大写的"壹"字，当它作为章节跳转页出现时，或许仅仅只展现几秒就会被翻过去。如果你只想套个好看的 PPT 模板，这一页几乎不用修改什么内容，顶多就是把右侧用来占位的英文假字更换一下，然后就不用再关心了。可如果你带着学习的心态去慢慢研究，就能从这一页 PPT 中学习到不少设计手法。

扫码看视频

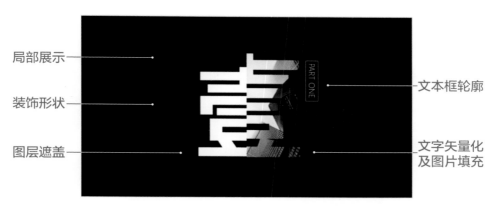

▲ @Simon_ 阿文 的《几何城市》主题模板中用到的各种设计手法

不过，普通人设计 PPT 时，最大的痛苦往往还不是如何美化素材，而是根本不知道素材在哪里，又或者是找到很多素材后却不知道该如何取舍。

在这一章，我们将带领大家一起了解制作 PPT 时哪些素材是需要系统考虑的，有哪些渠道可以快捷获取素材。另外，我们还会提供一些可供参考的选材建议。

1.2　别忽略PPT中的字体

字体能让 PPT 立即与众不同

看看下面两张 PPT，你觉得哪一张更专业呢？右边的对吧？没错，右边的 PPT 之所以轻松胜出，抓住你的眼球，很重要的一点是使用了恰当的字体，当然还有合理的配色。

扫码看视频

▲ 根据 iSlide 主题库中的免费主题模板修改

衬线字体和无衬线字体

衬线字体的概念来自西方，他们把字母体系分为两类：Serif 和 Sans Serif。

Serif 是衬线字体，这类字体在笔画开始和结束的地方有额外的装饰，笔画的粗细也会有所不同。相反，Sans Serif 就没有这些装饰，而且笔画粗细差不多。

宋体　**方正粗宋**　　　　黑体　微软雅黑

衬线字体： 线条粗细不同，更适合小字时使用，投影时清晰度不高。

无衬线字体： 线条粗细相同，更适合大字时使用，投影时更美观。

　　在传统书籍的印刷中，正文的文字通常较多，Serif 字体笔画的粗细之分使得文字、段落之间空隙更多，"透气感"更好，易读性较高，读者阅读起来视觉负担较小。如果使用无衬线字体——本段文字就是如此——就容易形成"黑压压一大片"的视觉效果，给人带来阅读负担，产生"没勇气继续看下去"的情绪。

▲ 直观感受下无衬线字体段落的"压迫感"

　　但 PPT 这一形式，实际使用起来，投影观看的需求远大于打印或电脑屏幕观看。受投影仪分辨率、设备老化程度、幕布清洁程度等因素的影响，投影出来的实际效果较之电脑屏幕总是会有损耗。

　　如果在正文中使用宋体等衬线字体，较细的横线笔画往往无法清晰地显示出来，文字内容的识别度下降，反而会造成阅读不畅。

投影仪分辨率　　　　光源损耗程度　　　　幕布清洁程度

均会影响文字投影效果

▲ 做 PPT 时一定要考虑投影演示的最终效果

　　因此，如果你的 PPT 是为投影演示而作，还是推荐你在正文小字部分使用无衬线字体，标题字号较大时才使用装饰性较强的衬线字体。当然，无衬线字体干净、简洁、有冲击力，也可以用于标题，特别是商业、科技、政府报告等题材。

　　另外，无衬线字体种类比衬线字体多得多，选择余地也更大。随着扁平化、极简风格的流行，无衬线字体正被越来越多的人所喜爱。

衬线字体	无衬线字体
优点	
透气性好 装饰性好 字形优雅	识别度高 有冲击力 简洁大方
缺点	
小字在投影状态下不易看清 字体选择相对较少	中规中矩，较难表达特定情绪

▲ 衬线字体与无衬线字体的优劣对比

　　不管是选用衬线字体，还是选用无衬线字体，总的说来都没有绝对的对错界限，只有合适与不合适、恰当与不恰当之分。**即便同是衬线字体或无衬线字体，风格和气质上也可能存在明显的差别。**

▲ 根据 iSlide 主题库中的免费主题模板修改

　　我们的建议是：多尝试一些不同的字体，感受它们在情绪上的差别，找到最适合你 PPT 内容主题与风格特征的一款。

1.3 PPT里的中文字体该怎么用

不同场合可以使用不同的字体

除了前面说到的来自西文字体"衬线"和"无衬线"的分类方法，就中文来讲，在 PPT 里面我们还可以根据文字的使用场合、书写风格等不同来进行分类。

内容字体

阅读型 PPT 最常见的字体，常用于正文部分。其主要特点是字形清晰易识别，包括微软雅黑、微软雅黑 Light、思源黑体系列等。

强调字体

和内容字体相对的是强调字体，常用于标题或段落中的关键词、金句，通常是有一定装饰性的粗笔画衬线字体。如华康俪金黑、方正风雅宋、方正粗黑等。

书法字体

书法字体能快速提高 PPT 作品的文化感，多见于中国风 PPT，如今也常被用于科技发布会等场合。常见有叶根友系列、禹卫书法行书简体、汉仪尚巍手书等。

儿童字体

　　萌萌的幼儿风格字体。常见于低年级教学课件或亲子类 PPT。包括方正胖娃简体、汉仪黑荔枝简体、汉仪小麦体、汉仪乐喵体、华康娃娃体等。

　　不同的字体包含了不同的情绪。在 PPT 的设计过程中，根据 PPT 的内容和风格来选择合适的字体至关重要。Windows 系统里自带的字体数量非常有限，表现力也相对较差，这就要求我们平时多关注一些字体网站，如方正字库、汉仪字库等，根据自己最常制作的 PPT 风格，有的放矢地筛选和下载一些优秀字体，这样才能有效提高 PPT 的表现力。

▲ 方正字库、汉仪字库有许多优秀的字体

1.4 PPT里的英文字体该怎么用

不同风格可以使用不同的字体

　　除了前面提到的中文字体，很多 PPT 里也会用到英文字体。对于在外企甚至在国外工作的朋友来说，还经常会有制作全英文 PPT 的需求。因此，在 PPT 中用对英文字体也是至关重要的，容不得马虎。

　　假设你需要制作的是一份中英文结合的 PPT，那还得考虑中英文字体之间的匹配程度，**尽量选择风格相近的中英文字体以保证观感统一**。

　　和前面的中文字体分类方式类似，从实际使用的角度出发，我们可以从风格感受上把英文字体大致分为下面 5 大类型。

无衬线粗体

　　现代感较强，多用于科技、工业、商业、教育等领域。包括且不限于 Roboto 系列、Arial 系列、Impact 系列等。为了体现出层次对比，常搭配细体文字使用。

002

无衬线细体

　　时尚感较强，多用于潮流、设计、女性等领域。在英文字体中，有很多字体都有对应的细体造型，如前面提到的 Roboto 和 Arial 字体，就对应有细体字型 Roboto Light 和 Arial Nova Light。

衬线传统字体

最能体现英文"优雅"品质的字体，精心设计的衬线装饰让字母看上去精致感十足，包括且不限于 Garamond、Tranjan 及 Times New Roman 等。

手写英文字体

自由流畅的手写体，一般用于文艺、女性、节日等主题，请帖、写真相册上也非常常见。一般来说，多数手写字体都会带有 Script 这个单词，搜索的时候认准即可。

复古哥特字体

中世纪复古风格的哥特字体，适用范围相对较小，一般用于欧美复古风格的封面、标题。包括且不限于 Old English Text MT、Sketch Gothic School 等。

　　前面提到了中英文字体混用应该注意二者风格的一致，这里刚好就有一个现成的例子——在本书中，我们便使用了中文"方正宋一简体"和英文"Times New Roman"的组合搭配。二者都是衬线字体，风格接近、观感统一，整个页面看起来就不会有不和谐的感觉。

1.5 PPT里的数字字体该怎么用

不同用途可以使用不同的字体

PPT 的正文、表格或图表中会大量用到数字，这些数字通常字号偏小，假如要清晰阅读的话，推荐优先使用兼顾清晰和美观的英文 Arial 字体。

当然为了设置方便，和中文字体统一使用"微软雅黑"也是可行的。

偿债能力分析表

项目	第一年	第二年	第三年	第四年
短期偿债能力分析				
流动比率	2.17	2.05	**1.97**	**1.87**
现金比率	1.55	1.47	1.38	1.23
	宋体	等线	Arial	微软雅黑

▲ 较小字号下，"Arial"和"微软雅黑"的数字更清晰美观

在 PPT 中，数字还有另外一种用途，即强调和美化。如作为章节页的背景序号出现（下左图），又或是用于展现名次、百分比、业绩等重要数据（下右图）。**这种用途下的数字，往往需要选择笔画较粗的字体，刻意放大字号、改变颜色才能出彩**。

1.6　除了官网还能去哪里下载字体

前面我们提到过，Windows 系统自带的字体数量较少、表现力有限。要想制作出优秀的 PPT，通常需要自行添加安装更多字体。方正和汉仪我们可以在官网下载，其他一些优秀的字体又应该去哪里下载呢？本节就和大家分享几个可以下载字体的站点。

找字网

找字网是一个提供字体效果预览与下载的综合网站。站点对字体的分类非常详尽，可以按字体厂商分类浏览，也可以按不同风格分类浏览。

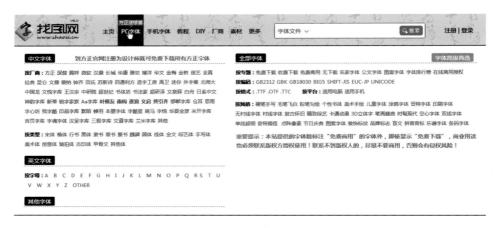

▲ 将鼠标指针移动到"PC 字体"，即可弹出字体分类菜单

模板王字库

模板王字库与找字网类似，也是一个较大的字体下载站点，同样拥有字体风格、字体厂商、字体类型等多种分类方式。当你不确定使用哪款字体时，可以按照需求先到对应的分类里浏览，一边看一边对比，最后再做决定。

▲ "模板王字库"网站的字体分类导航

　　除了在字体网站下载，如果你知道某款字体确切的名字，也可以直接利用搜索引擎搜索下载链接。但我们也要提醒大家：字体是一种版权作品，我们在制作 PPT 使用字体时一定要注意避免字体侵权。**在使用一种字体之前必须先了解其是否是免费字体！**

　　2019 年 3 月，微博上一则爆料引起了广大网友们的关注：消息称某公司实习生使用盗版 Photoshop 软件及"微软雅黑"字体印刷了 5000 万张样稿，导致公司赔了 2800 多万元人民币，裁员数十人。

　　虽然事后"微软雅黑"版权所属的北大方正公司出面进行了"辟谣"，表示方正字体授权费用仅为几百至几千元，但事实上字体使用前的授权费和侵权后的赔偿费是两码事，有很多公司都曾因字体侵权而被起诉过。

"个人非商业用途"授权许可

　　虽然有这样的天价维权案例，但各字体公司维权主要针对的还是"未授权的商业用途"，对"个人非商业用途"的规定相对比较宽松。

　　以方正字库为例，你只要在官网注册账号时选择"职业设计师"，**就可以在"个人非商业用途"免费使用所有的方正字体。**

▲ "方正字库"用户注册的第一步

在网站的"授权许可"页面，方正字库还进一步对"个人非商业"许可做出了更详细的解释。

3. 字库软件的使用。

如您从方正电子公司或其授权的代理商或经销商处获得字库软件，并且以您遵守本协议的条款为前提，方正电子公司即授予您以下关于本字库软件的非独占性许可，允许您按照本协议规定的如下用途使用本字库软件：

3.1 安装使用：您仅可以在一台装有 Windows 或 Mac OS 的电子计算机上安装、运行本字库软件供个人非商业使用，不得在两台或两台以上的电子计算机设备上同时使用本字库软件；

3.2 屏幕显示或输出：您可以将本字库软件所包含的字体用于屏幕显示；您也可以在将通过本字库软件所生成的字形图像输出至与安装软件的计算机相连的设备上进行显示或打印字体的输出，此类输出只能供您个人、非商业目的的使用。

3.3 备份：为防止复制品损坏，您可以制作字库软件备份副本一份，该副本的使用范围与原复制品一致。

如果您的使用需求超出了本协议的使用许可范围，尤其是，您出于商业目的复制、发行或者展览本协议字库软件（包括方正电子公司具有美术作品著作权的单字以及字体组合等）或将字库软件作其他用途，请即时与方正电子公司联系以获取相应的使用授权。

▲ "方正字库"的"个人非商业授权"（部分）

而汉仪字库则更进一步，不但在"个人非商业用途"的"业务介绍"中明确说明了注册用户的个人作品（包括但不限于个人论文、PPT 等）属于个人非商业用途，还在细则中**授权用户免费将字体向第三方展示**。

二、许可使用

1、在您完成注册并遵守《用户字库许可使用协议》及本《用户字库许可使用须知》之前提下，汉仪公司将授予您一项非排他的、非独占的、不得转让以及无分许可权、有期限的、免收许可使用费的普通许可，允许您按照本协议规定的如下方式使用许可字库：

（1）您可以从汉仪公司的网站上下载许可字库，并将许可字库以目标程序的形式安装至您个人使用的计算机中；

（2）您可以在您个人的计算机环境中调用、显示以目标程序的形式表达的许可字库中的任意字体；

（3）您可以为个人研究、学习或欣赏的目的打印许可字库中的字体或将许可字库中的字体复制到可携式文件中，并以个人研究、学习或 欣赏的目的向第三方展示该字体；

（4）但是，无论如何，尽管有上面的许可，您不得将许可字库或其中的任何字体设计用于您或其他人的经营活动中，包括但不限于：不得对外销售或提供许可字库或其中的任何字体，无论通过何种和技术方式；不得将许可字库或其中的字体加载到您或第三方经营的产品中；不得将许可字库中字体或单字用于企业名称、商号、商标、包装、装潢、网页设计、广告或产品/服务宣传材料中；

（5）上述许可的期限将受随于汉仪公司的决定，汉仪公司可以随时终止上述的许可。

▲ "汉仪字库"的"个人非商业授权"（部分）

当然了，如果你不想去研究这些法律法规，但又担心陷入字体侵权纠纷，也可以使用那些免费可商用的字体来进行 PPT 设计。

免费可商用字体下载

Free Chinese Fonts 就是一个专门收录免费可商用中文字体的站点，目前收录了 170 款可免费使用的字体，并可以直接预览字体效果。

▲ 收录免费可商用中文字体的站点 Free Chinese Fonts

略有遗憾的是，该网站给出的字体下载地址均为其他网站的转载链接，有些链接已经失效了，这样我们就只能自行搜索字体名称另寻下载资源了。

如果觉得麻烦的话，网络上也能找到网友们整理出来的"免费可商用字体"大合集，你可以直接搜索这些合集下载安装。

天下没有免费的午餐，当我们把字体用于商业场合时，请尊重原创者的劳动。只有这样，字体设计者才能不断创造出漂亮的字体。

1.7　书法字体的另一种解决方案

在 1.3 节里，我们给大家提到过一些不错的书法字体，如果你只需要在封面标题等位置临时用一两次书法字体的效果，又不想安装太多字体的话，可以试试使用在线书法字体生成网站来生成毛笔字体效果。

▲ 简单三步就可以生成各种书法字体效果

以"阿酷字体网"的毛笔字在线生成页面为例，操作步骤如上图所示：直接在网页提示框内输入文字，选择一种书法字体，设置好字体参数（建议勾选透明），保存生成的 PNG 字体图片，插入 PPT 中使用即可。

"阿酷字体网"提供了共 88 款书法字体给使用者选择，包括了段宁毛笔行书、尚巍手书体、默陌山魂手迹、汉仪秦川飞影等多款 PPT 高手们常用的毛笔字体。在网站顶部导航切换到艺术字生成页面，我们还能使用同样的方法生成造字工房启黑、站酷快乐 POP 设计字体等其他字体，非常方便。

1.8　发现不认识的好字体怎么办

普通人学习 PPT，很重要的一点就是要会博采众长，从他人的优秀作品中去吸取经验。要是看到网上某张设计作品、超市某张广告海报用了一款不错的字体，在联系不到作者的情况下，你有办法知道这是什么字体吗？下面这个实例就教你该怎么做！

扫码看视频

⚙ 使用"识字体网"辨析未知字体

首先，选择需要识别的文字图片中轮廓清晰的部分截图，另存到桌面。

打开"识字体网"，单击"在线识别字体"版块的"上传图片"按钮，上传刚才保存的图片。如果不愿意发布自己的识别动态，可以在上传前取消勾选"同意在众识社区发布"。

识字体 简体中文 繁體中文 日本語 English		网页版 ▼ 在线识别

输入搜索字体关键词　　　　　　　　　　　　　搜索　Powe

⊓T 在线识别字体

上传图片　　　　　　　　　　　🖼本机图片　　　　　　　　🔗图片网址

⬆上传图片　◀─── 单击上传文字图片

技巧：将图片拖放于此，或通过截图工具Ctrl＋V粘贴于此均可上传
☑同意《识字体最终用户使用许可协议》　☑同意在众识社区发布

　　图片上传后，网站会自动识别出图片中包含的文字。你需要做的就是在"智能拼字"版块文字图片下方的方框内输入对应的文字。

　　如果你上传的文字图片未能被正确识别，则可以在页面下方手动拼字。拖动同一个字的不同部分，叠放拼合为正确的文字，然后再在下方方框内输入对应文字。

　　单击"开始识别"，网站很快就会给出字体的识别结果及相关信息。如本例中"脑洞时刻"4 个字使用的字体是"站酷快乐体"，这款字体免费可商用。如果你也想用这款字体，单击右侧的"下载"按钮即可下载安装。

受到文字图片质量及字体本身的字形独特性影响，有时"识字体网"会识别出多种近似的字体，这种情况下还需要我们人工比对后进行选择。

1.9 防止字体丢失的几种方法

对于 PPT 新手而言，在使用字体方面遇到得最多的问题就是——换了一台电脑，字体效果就全丢了。要解决这个问题，一般来说有以下 3 种方法。

扫码看视频

复制安装字体

将 PPT 中用到的非系统自带字体从 Windows 的字体文件夹中复制出来，

换电脑之后先安装字体再打开 PPT，是最保险的方法。不过如果是代他人制作的 PPT，将 PPT 和字体发送给对方后，对方是否会安装字体还是个问题。

嵌入字体

在【文件 - 选项 - 保存】中勾选"将字体嵌入文件"，然后再保存 PPT，可以将用到的字体随 PPT 文档一起捆绑保存。（详见 2.11 节 "保存 PPT 时嵌入字体"部分）

☑ 将字体嵌入文件(E) ⓘ
　　◉ 仅嵌入演示文稿中使用的字符(适于减小文件大小)(O)
　　○ 嵌入所有字符(适于其他人编辑)(C)

▲ 嵌入字体有两种不同的方式

由于这一操作可以在制作时完成，所以就不存在第一种方法中对方可能不会操作的尴尬。但是这个方法也有弱点，那就是**并非所有的字体都可以顺利嵌入 PPT 文档**。有时你会在尝试嵌入字体、保存 PPT 时收到下面这样的提示，拒绝字体嵌入：

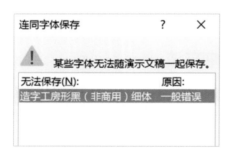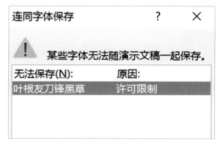

▲ 勾选嵌入字体后保存可能会遭到拒绝

出现这样的情况是因为字体制造商为了保护版权，对自己的字体进行了许可限制。使用这些受限字体时，用户只能将其用于在本地显示器上显示、在桌面打印机上打印，而不能将其嵌入文件中分享传播。

如果你必须使用这一类许可受限的字体，在不涉及版权问题的情况下可以采取下面的第三种办法来防止字体丢失。

将字体转存为图片

选中使用了受限字体的文本框，按 Ctrl+X 组合键进行剪切，然后再按 Ctrl+V 组合键进行粘贴。

粘贴出来的文本框，右下角会出现一个浮动按钮。点开这个按钮，选择弹出菜单中位于右侧的选项——图片，即可将文本框中的文字以图片形式插入页面。这样做的缺点也很明显：文字在变成图片之后就无法再修改编辑，因此只能在确保文字内容不会再做调整时方可使用。

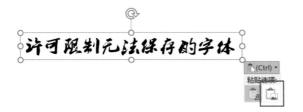

Office 2013 以上版本还可利用插件或"合并形状"功能，将字体转换为形状，转换后可二次改色，字形也更加清晰。操作详见 7.13 节

1.10　这些使用图片的窍门你知道吗

PowerPoint 支持 SVG 矢量格式图片

都说"字不如表，表不如图"，图片对 PPT 的重要性不言而喻。高版本的 PowerPoint 支持的图片格式非常丰富，除了常规的 PNG、JPG 等格式，还支持最新的 SVG 矢量格式，并内置了一整套 SVG 矢量图标，即选即用，用户可以随意调节图标的大小和颜色，不用担心失真。

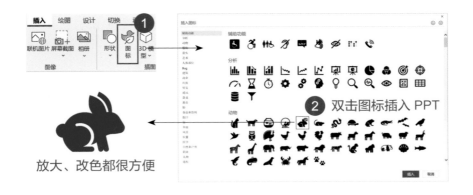

放大、改色都很方便

非矢量格式图片要注意分辨率

在使用非矢量格式的图片时，分辨率较低的图片投影出来会模糊不清，影响信息传递。如果再将其放大，效果就更是"不堪入目"。因此，我们在最开始搜索图片素材时就要注意尽量选择高分辨率的图片。

1.11　哪些网站的图片素材质量高

要找到好图片，就得收藏一些找图的好网站。不过要提醒各位：好图片往往都有版权限制，不明就里地把网络上下载的图片用于商业场合，很可能有侵权的风险。

当然，也有一些网站专注于收集和贡献免费可商用的图片，虽然图片数量相对付费站点较少，但用于日常 PPT 制作，还是绰绰有余。如最大的无版权可商用图片站点 Pixabay。在写作本书第三版时，该网站收录了 **85 万张免费图片，而如今，这个数字已经上涨到了 170 万，整整翻了一倍。**

▲ 不但免费可商用，还在不断扩充内容的 Pixabay

在 Pixabay 首页搜索框输入关键词（支持中文）进行搜索，挑选你喜欢的图片，单击进入详情页就可以免费下载，部分图片的分辨率高得惊人。

Unsplash 也是一个深受 PPT 高手们喜爱的无版权图片站点，这里收录的图片数量没有 Pixabay 多，但在品质和格调上却有过之而无不及。

▲ 可以称得上是"张张精品"的 Unsplash

例如，搜索关键词"Wood"（不支持中文搜索），我们就能找到许多木质纹理图片，用来当 PPT 的背景图片再适合不过了。

▲ 利用 Unsplash 上的木质纹理图制作 PPT 相册拼图

除了 Pixabay 和 Unsplash，免费的优质图库还有 Pexels、Gratisography 等。如果你愿意考虑付费，国内的站酷海洛、国外的 500PX 等站点也值得去看看。由于篇幅原因，这里就不再一一介绍。

1.12　别忽略强大的图片搜索引擎

知道了一系列优秀的图片素材资源站点，并不代表我们就不再需要利用搜索引擎来搜索图片了。在一些需要为 PPT 快速配图，对质量要求不是特别高的场景下，用搜索引擎进行搜图，效率更高。

百度图片

曾几何时，百度图片还是图片搜索引擎中的反面教材，搜到的图片质量良莠不齐，很多图片不但分辨率较低，图片本身的构图、色彩、风格等也跟不上时代。

但随着时间的推移，我们惊喜地发现，百度图片的品质较之以前有了大幅度的提升。如搜索关键词"大学"，搜索到的图片绝大多数都非常精美。

▲ 在"百度图片"中搜索关键词"大学"的结果（部分）

除了在图片质量上有明显提升以外，百度图片在提供给使用者便捷方面也做了不少努力。我们可以通过点击导航栏下方的标签对图片进行快速筛选，不管你是想要找高清图片，还是想要搜索 GIF 动图，又或是要搜索明确了版权归属的图片以方便购买后商用，都可以一键搞定。此外，还可以通过图片大小和颜色来限定搜索条件，这些设置极大地提高了我们使用百度搜图的效率。

▲ 百度图片丰富的"一键筛选"选项

Bing 图片

微软出品的 Bing（必应）也是深受大众喜爱的一款搜索引擎。由于出身于微软公司，当我们以英文关键词在 Bing 上进行搜索时，结果会与用中文关键词搜索有一定区别。**如果搜不到合适的图片，不妨换英文关键词搜搜看。**

▲ 用英文关键词"College"在 Bing 上进行搜索的结果（部分）

复合式搜索引擎

除了百度、必应这样的常规搜索引擎，我们还要特别推荐一个复合式搜索引擎给大家，这就是"虫部落·快搜"。在这里，我们可以使用页面左侧导航按钮在谷歌、百度、必应等各大搜索引擎中无缝切换 。

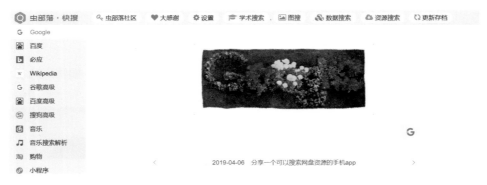

▲ "虫部落·快搜"支持无缝切换各大搜索引擎

单击顶部的"图搜"按钮，左侧导航按钮会更换为包括 Pixabay 在内的一系列国内外知名的设计素材网站。有了这个网站，我们搜图的效率就更高了。

▲ "虫部落·设计搜"收录了一系列设计素材站点

1.13 为什么你搜图质量比我好

对于搜图，有不少新手会有这样一个疑惑——同样是使用搜索引擎来搜索图片，为什么高手们搜到的图片质量总是比我好呢？

原因很简单，除了使用前面推荐的搜索引擎和筛选选项外，"老鸟们"在设置搜索关键词时也有一套独到的方法。现在，我们就把这套方法总结分享给大家。

组合关键词搜图法

前面我们提到过使用图片网站的筛选选项来限定、缩小搜索范围，以提高搜图效率。其实还有一个方法也能达到这个目的，那就是组合使用关键词。

根据需求的不同，关键词的组合方式可能是多种多样的，这里给大家提供一个基本的关键词组合公式：

组合关键词搜图法 = 主关键词 + 辅助关键词 / 类型关键词

这个公式是什么意思呢？举个例子，比如我们到年底了要做年终总结报告 PPT，其中有一部分是讲公司业绩的。为了给这部分的章节页找一张配图，我们在百度图片上去搜索"业绩"，得到的结果却是这样的：

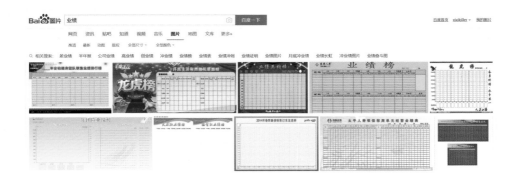

这些"业绩公示表格"图片显然不能用来当作配图使用。即便是往下再多浏览几屏的内容，也很难找到一张可用的素材，大部分图片都是这一类表格。

出现这么多无法使用的图片，究其原因就是因为我们关键词设置得太宽泛。**试试加上一个辅助关键词，搜索"业绩 上升"，结果会怎么样呢？**

▲ 组合辅助关键词后，搜图结果立马大不同

加上了辅助词"上升"，图片的搜索结果明显离我们的预期更进了一步。使用搜索结果中第一张图片，简单进行一下排版，就可以完成章节页的制作了。

那什么叫类型关键词呢？

类型关键词就是指明素材图片属性和类型的关键词。如当我们在做"团队介绍"一类主题的 PPT 时，往往需要讲到团队的分工合作。如果平时没有注意积累团队照片，只能使用网上的"团队"图片素材，就会多少有些尴

尬——这些图片上的人并不是你的团队成员，出现在你的 PPT 上会显得格格
不入。

▲ 百度搜索到的"团队"图片包含了很多真人面孔

　　此时加上一个类别关键词，搜索"团队 剪影"，问题就可以迎刃而解了。
把下面这样的剪影图片用到 PPT 里，既能辅助观点表达，又不会显得突兀。

联想关键词搜图法

　　联想关键词搜图法主要适用于一些偏理念、概念化的场景。这些内容很
难直接搜索关键词找到合适的图片，这个时候就要借助发散思维来搜图。

　　如要找一张图片来表达"好奇"，无论是中文还是英文关键词"Curious"
搜索都不理想，那么什么场景能表达"好奇"呢？

　　浩瀚的银河总是能激发人类的好奇心吧？ —— 得到关键词"银河"。

仰望星空、观测银河要用到什么设备呢？—— 得到关键词"望远镜"。

有了这些关键词，再结合前面我们说过的 Pixabay 等图片素材网站，可以表达"好奇"的优质图片就会一张接一张地出现在我们的视野中了。

▲ 使用"银河"和"望远镜"在 Pixabay 中搜索到的好图

使用联想关键词搜图时，另一个常用的方法是进行反义词搜索。如要表达"坚持"，可以搜索"放弃"。不过请千万注意把握其中的微妙：同样是一个跑步累坏了趴在地上的人，如果画面左上角有一只向他伸来的手，这张图就有"坚持"的含义，而如果画面背景是一双双掠过他的腿，那这张图就真的只能表达"放弃"了。

当然了，即便只能找到后者那样的图，你也可以结合反问式的文案（如"难道就这样放弃了吗？"）表达出鼓励坚持的含义。**很多时候，你需要的其实并不是一个超级图库，而是一个有发散思维能力的大脑。**

1.14　如何找到高质量的卡通图片

卡通图片是很多从事幼儿教育的朋友制作 PPT 时必需的素材，然而在 2014 年，微软 Office 365 团队却宣布关闭了 Office 剪贴画功能，使用必应图片取而代之。这就意味着过去通过剪贴画来搜索卡通图片的方法再也行不通了。

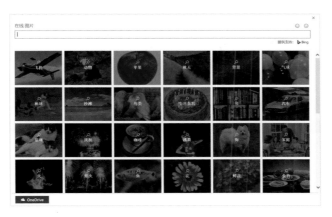

▲ 新版 PowerPoint 中用插入联机图片功能取代了插入剪贴画

如果利用搜索引擎来搜索，结果又往往不尽如人意，图片之间的风格差异比较大，很难保证整套 PPT 的需求。

▲ 百度搜索"汽车 卡通"得到的部分图片结果

那到底到哪里才能找到高质量的卡通图片呢？给大家推荐一个网站：Freepik。

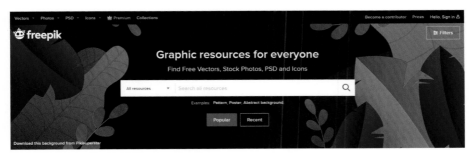

▲ Freepik 是全球最大的矢量图素材站点之一

　　还是以搜索汽车为例，在搜索框中输入"car"（国外网站记得使用英文搜索），回车搜索，点开右侧的 Filter 筛选器，勾选 Vector（矢量）、Free 分类复选框，就能得到上千张高品质的免费卡通汽车素材图片。很多图片还包含了一个套系多辆汽车，不管是造型、风格、还是颜色，都相对统一。

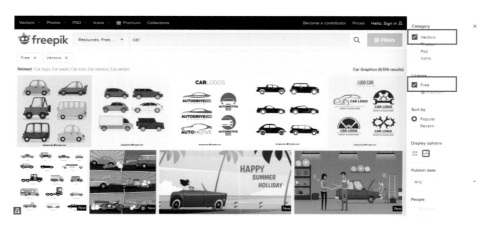

▲ 在 Freepik 搜索到成套系的免费汽车矢量图片素材

　　更难能可贵的是，当你下载好素材资源之后，你会发现 Freepik 免费提供的素材并非单纯的图片，而是包含了 EPS 或 AI 格式文件的压缩包。如果你的电脑上安装了 Adobe Illustrator（简称 AI），就可以更加灵活地使用这些素材了。

扫码看视频

⚙ 利用"AI"让 Freepik 上的素材为我所用

　　在确保自己的电脑安装有 AI 软件的前提下，双击从 Freepik 下载的压缩包中的 EPS 或 AI 文件，将其在 AI 中打开。

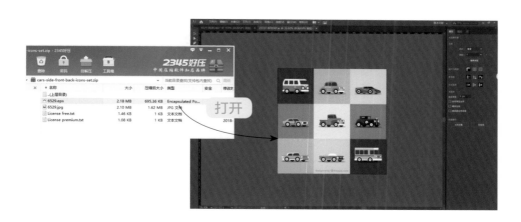

  如果刚刚打开时素材画面不在窗口正中位置，可以按住空格键将光标变成小手样式，然后拖动画面将其调整到窗口中央。

  将光标放置在画面中，按住 Alt 键向上滚动鼠标滚轮，可以放大显示素材。不难发现，放大之后的画面依然非常清晰，这是因为 EPS 是矢量格式的一种。还记得我们之前在 1.10 节介绍的 SVG 矢量格式吗？任意放大也不会模糊正是矢量格式素材的优势之一。

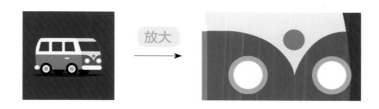

  在 AI 中单击鼠标可选中某一辆汽车（如果发现选中的是多辆汽车的组合则可以双击左键进入组合内部选取单一汽车图像），继续双击还可以进入组合的下一层，直至可以单独选中车灯、车轮等不同的部件。

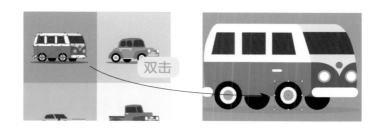

　　根据需要选中素材中任意你想要的部分，如这辆红色的小巴士，按 **Ctrl+C** 组合键进行复制，然后再在 PPT 页面中按 **Ctrl+Alt+V** 组合键进行选择性粘贴，将其粘贴为"增强型图元文件"，就能单独把小巴士以 EMF 格式插入 PPT 了。不但无须裁剪、删除背景，还可以保留矢量格式无损放大的优点。

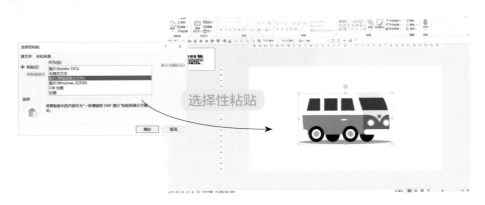

　　你以为这就完了吗？大招还在后面！选中粘贴 PPT 里的 EMF 图片，右键取消组合，在弹出的对话框中选"是"，图片就会变成 PPT 里的形状组合，每一个不同的颜色区域都是一个独立的形状，可以单独选中、修改填充色，甚至进行顶点编辑！这样就可以轻松把素材按照实际需求进行二次开发了！

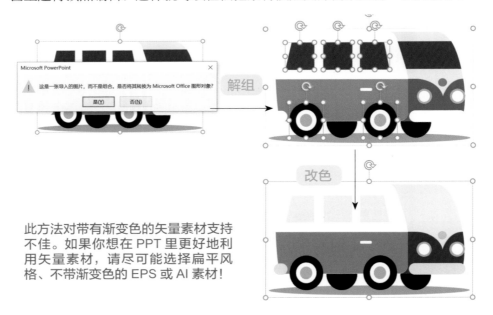

此方法对带有渐变色的矢量素材支持不佳。如果你想在 PPT 里更好地利用矢量素材，请尽可能选择扁平风格、不带渐变色的 EPS 或 AI 素材！

1.15　精美的图标素材哪里找

在 PPT 设计中经常需要用到各种小图标，如移动互联网产品图标或是一些通用标识图标。图标文件可以简明扼要地传递大量信息，甚至通过改造和组合轻松塑造颇具场景感的画面。

图标素材

▲ 简单组合使用就能打造出漫画感十足的场景

这些图标素材有哪些方便的获取渠道呢？

除了使用搜索引擎来搜索，我们还可以去"阿里巴巴矢量图标库"等专业的图标素材站点搜索（注意不可商用）。将鼠标指向想要下载的图标，单击下载，即可进入参数预设窗口。

扫码看视频

▲ 在"阿里巴巴矢量图标库"下载图标素材

如果你使用的是 Office 2016 以后支持 SVG 格式的版本，可以直接单击窗口下方的"SVG 下载"，将下载的 SVG 文件拖入 PPT 后使用。

▲ 将 SVG 文件拖入 PPT 后可使用"形状填充"更改颜色

要是你使用的是早期不支持 SVG 格式的 Office 版本，则可以先利用预设窗口下方的颜色设置功能设置好需要的图标颜色（可直接选择推荐色或直接指定 16 进制色值），然后就可以下载填充好颜色的 PNG 图片使用了。

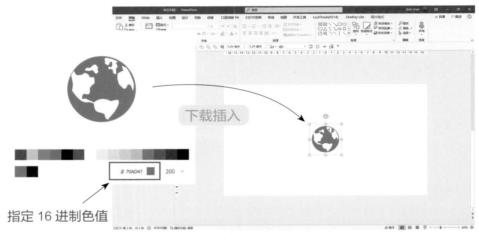

指定 16 进制色值

▲ "阿里巴巴矢量素材库"提供了多种图标格式供下载

1.16 图片素材不够理想怎么办

当找到的图片素材不够理想时（有水印 / 比例不对 / 色调不合适 / 需要抠图），我们可以通过 PPT 的图片处理功能对其进行调节和修改。如果素材足够高清，还可以实现"一张图变出三张图"的效果。

▲ 同一张图片，使用不同的裁剪方案就可以做出 3 页 PPT 来

综合运用"艺术效果""图片颜色""图片校正""三维转换"等功能，我们甚至可以做出以前只有通过 Photoshop 才能完成的特效。

充分用好 PPT 的图片处理功能，你会发现，制作日常工作用的 PPT，根本无须动用 Photoshop 来修图和处理素材。

1.17 PPT中的图示应该怎么做

在 PPT 设计中，我们经常会用各种关系图来表达"并列、递进、总分……"等逻辑关系。过去，我们只能到网上去下载各种各样的模板，以获取其中的图示。

▲ 微软 **OfficePLUS** 站点上提供的免费 PPT 模板

但随着 Office 版本的更新换代及 SmartArt 功能的加入，在 PPT 中制作图示（特别是扁平风格图示）的门槛正变得越来越低。我们已经不用再为了几个特定的图示去下载一大堆 PPT 模板了——插入 SmartArt 提供的基本款图示，自己动手进行改造，对结构和风格进行一些必要的调整，就能画出很多好看的图示来。

除了利用 SmartArt 自身功能调整图示结构，还可以将 SmartArt 取消组合，转换为形状，进行更加自由的 DIY。

即便不使用 SmartArt，只要你多留心观察图示页的元素构成，也会发现基础的图示页并不难绘制——还记得本书刚开始教给大家的"**元素分析法**"吗？现在刚好能派上用场！

扫码看视频

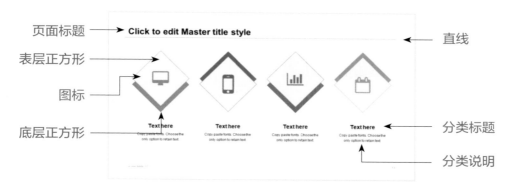

页面标题 → Click to edit Master title style
表层正方形
图标
底层正方形
直线
分类标题
分类说明

Text here
Copy paste fonts. Choose the only option to retain text.

Text here
Copy paste fonts. Choose the only option to retain text.

Text here
Copy paste fonts. Choose the only option to retain text.

Text here
Copy paste fonts. Choose the only option to retain text.

▲ 简单的图示页无非是一些形状、线条、文本框和图标的组合使用

如果你安装了 iSlide 插件（详见 7.3 节），要制作 PPT 图示就更简单了。直接套用插件提供的"图示库"功能，就可以迅速创建出专业级别的图示来！

选择、使用关系图示的关键

（1）确保找对符合你想要表达的逻辑关系那一个图示，而不是选择最漂亮的那一个；

（2）确保图示的风格与整个 PPT 的风格一致，如不要在扁平风格的 PPT 里使用立体风格的图示；

（3）同一份 PPT 中如果有多份图示，应该保持风格上的稳定和一致性，切记不可每份图示都用一种新风格。

1.18 到哪才能找到优质的PPT模板

目前国内 PPT 模板分享社区的发展相对已经较为成熟，尊重版权、付费购买原创 PPT 图示和模板也已经成为了主流。接下来，我们就给大家推荐几个原创能力强、作品品质上乘的站点。同时也要提醒大家：**PPT 模板也具有版权，请勿私自分享他人的付费 PPT 模板！**

OfficePLUS

微软官方的模板商城，质量有保证，关键是还免费！总结报告、项目策划、产品推荐，以及各类实用图表，这里统统都有。

演界网

锐普旗下的 PPT 模板交易商城，拥有大量精品付费模板，作者往往都是锐普论坛里的大神级人物。成套的合集作品较多，涵盖了各个领域、各种风格。

PPTSTORE

国内知名的 PPT 模板销售网站，入驻了大批原创能力超强的作者。大家都熟知的"90 后"天才 PPT 达人 @Simon_ 阿文就是在这里创下了模板销售收益破百万的纪录。

1.19 到哪里去找PPT动画的学习资料

不少朋友对 PPT 感兴趣都是因为看到别人能用 PPT 做出很酷的动画效果，而自己的 PPT 却只能让几张图片几段文字飞来飞去，很没意思。怎样才能学会更高级的 PPT 动画呢？这里列举几种学习方法供大家参考。

方法一：利用网络教程学习

PPT 在国内逐渐得到普及和重视已经有大概 10 年了，在这期间网络上积攒了大量先行者们无私奉献的各类教程，其中就不乏针对 PPT 动画的教程。无论是在锐普 PPT 论坛这样传统的 BBS，还是在后来兴起的公众号、知乎、头条号，都有大量手把手教学的 PPT 动画教程。不过这样的网络教程最大的问题是缺乏系统性，有时你想学却发现看不懂，因为缺乏铺垫性的知识。

▲ 锐普 PPT 论坛的"教程分享"版块

方法二：通过源文件学习

如果你能在网上下载到 PPT 动画的源文件，直接对源文件进行拆解学习也是个不错的办法。打开下载的 PPT 文件，进入"动画窗格"界面，仔细分析别人的动画组合顺序，可以尝试隐藏不同的元素观看动画的变化，从中了解别人的动画创意——注意从动画动作、时间轴、效果选项设置 3 个方面去综合观察。

不过这个方法也有些弊端，那就是很多高手制作 PPT 动画时都会使用动画插件来修改或自定义对象的动画行为。这些被修改后的动画在 PPT 里无法被识别，只能简单显示为"自定义"，但事实上却包含了各种复杂的参数设置，甚至受控于函数表达式。很多人就算拿到了源文件也是一头雾水。

动画行为函数公式：#ppt_y-(abs(sin(2*pi*$))*(1-$)*0.05

▲ 只有使用动画插件才能查看"自定义动画"的实际内容

方法三：学习系统化的动画课程

如果对 PPT 动画没有太多研究，基础较为薄弱，可以学习一些系统的 PPT 动画课程，如网易云课堂《和秋叶一起学 PPT 动画》。

这门课程包含了切换动画、文本框动画、图表动画、MG 动画、交互动画等各种动画类型的制作，深入浅出、生动有趣，每一堂课既有讲解细致、一看就懂的视频版，又有适合复习查阅、非 WiFi 环境观看的图文版，绝对是你学 PPT 动画入门的不二之选。

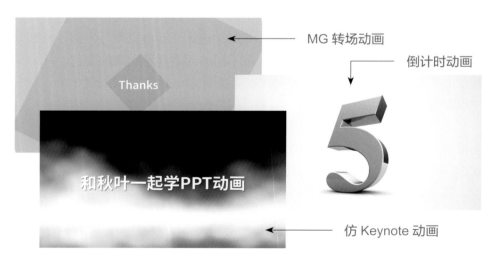

▲《和秋叶一起学 PPT 动画》课程包含的部分内容

方法四：加入动画"发烧友"组织

在掌握了 PPT 动画的基础知识之后，如果想要学习更复杂的 PPT 动画技巧，还可以通过微信、QQ 等渠道加入"口袋动画"等 PPT 动画发烧友组织，向高手学习取经。前面说到过的更高级的"自定义动画"设计、"函数动画"设计都是借助了"口袋动画"这款插件完成的。关于这款插件的基础知识，我们会在第 7 章中为大家进行专门的讲解，对 PPT 动画感兴趣的朋友可以重点关注一下。

口袋动画（PocketAnimation，简称PA）是一款支持全平台演示文档、功能集文档创作、图形设计、动画创意、资源整合和高效设计于一体的综合性插件，支持Microsoft PowerPoint 2003/2007/2010/2013/ 2016以及WPS Office 2013/2016，开发环境基于PowerPoint 2013和WPS Office 2016，为了保证所有功能完整体验，请尽量选择您的使用环境为PowerPoint 2013和WPS Office 2016以及更高版本。

▲ 制作更复杂动画效果所必备的 PPT 插件

1.20 去哪里找PPT需要的背景音乐

有时我们的 PPT 会需要插入背景音乐，到哪里才能快速找到合适的音乐呢？利用百度这样的搜索引擎直接进行搜索当然非常方便，但这样搜到的音乐往往不能保证品质。如果你没有想好具体需要哪一首音乐，只是有一个大致的风格需求，甚至连用什么关键词开始搜索都很难确定。

我们推荐大家在"网易云音乐"上去搜索配乐所需的音乐资源。只需进入"网易云音乐"的首页，在顶部右侧搜索框中输入"背景音乐"进行搜索，然后单击搜索结果分类中的"歌单"，就能看到由广大音乐爱好者们收集整理的优秀背景音乐合集了。

▲ 利用网易云音乐搜索背景音乐歌单

　　如果你的 PPT 需要某些特定情绪的音乐，也可以结合这些情绪的关键词进行搜索，如"舒缓 背景音乐""动感 背景音乐"等。

　　除了网易云音乐，还有一系列类似的站点也提供这样的歌单功能，如虾米音乐、QQ 音乐等，这些都是大家很熟悉的音乐平台，相信也不用我来一一介绍了。

　　和选图片一样，选音乐也是 PPT 设计中大家公认最头疼的问题之一，因为问题背后的本质不是选一首好听的音乐，选一张好看的图片，而是思维的可听化和可视化。这需要设计者全面了解图片和音乐的内涵，结合自己 PPT 演示情境和内容表达进行定制。

　　2011 年 10 月，秋叶老师在微博上发布了一则指导大学生如何制作简历的 PPT 动画作品《让你的简历 Hold 住 HR》。这则影片只有动画，没有背景音乐，秋叶老师把为影片挑选背景音乐的任务交给了广大网友。

 秋叶 V ⭐ ：这个 PPT 我没有配乐，第一个原因是我不确定配什么音乐大家喜欢，我自己是乐盲；第二个原因是我想把这个配乐的工作交给网友，假如你们找到好的音乐并配给我，我很欢迎！配乐后可以将投稿发给我邮件，配得好的朋友我送一本我写的书给你！
(2011-10-8 08:44)

▲ 秋叶老师征集作品配乐的微博

当时还是路人粉丝的 Jesse 老师正是看到了这条微博，结合影片的内容（简历、求职、年轻人）和风格（轻松悦动）及动画节奏，为影片精心选配了日本小提琴家叶加濑太郎的小提琴作品作为背景音乐，赢得了秋叶老师的肯定，随后逐步进入了秋叶 PPT 的核心成员小圈子。

如果你的乐感很好，动画能力又强，还可以把音乐的节奏与 PPT 动画的构思和安排结合起来，让音乐和动画效果结合得更加紧密。不过，这就要求你在动手前就对音乐与 PPT 设计有一个整体的考虑——毕竟我们没办法像拍电影那样，先把视觉化的 PPT 做出来，再根据内容原创音乐；也不可能为了迎合某一首背景音乐完全放弃 PPT 的构思，最终把 PPT 做成了音乐的 MTV。

1.21 去哪里找PPT的设计灵感

在 Office 三件套中，PPT 无疑是"设计"基因最强的。做 PPT 不但要求软件操作技术过关，对创意的要求也很高。如果在做 PPT 的时候实在找不到创作的灵感了，不妨去以下网站逛逛，好的构思、版式和配色灵感一定能启发到你。

站酷网　　优设网　　花瓣网　　Dribble　　Behance　　Pinterest

▲ 国内外优秀的平面设计创意灵感站点

虽说 PPT 设计离专业的平面设计还有一段距离，但从版面设计构思方面来讲，却是并无两样的。事实上，PPT 设计风格的流行和趋势，也会明显受到平面设计风格变化的影响。因此，上面这些平面设计师们寻找设计灵感的网站也同样适合 PPTer 们！

另外，本书两位作者的微博及秋叶 PPT 旗下的微博、微信公众号，也有大量的干货教程、经验分享，现在就赶紧拿出手机添加关注吧！

微博：@ 秋叶
关注他，你就不会错过国
内高手原创的精彩 PPT

微博：@Jesse
秋叶 PPT 元老成员，可能是
东半球 PPT 最好的钢琴老师

微博：@ 秋叶 PPT
PPT 技巧 / 职场干货，一
网打尽！学到就是赚到！

公众号：秋叶 PPT
有道云笔记 2018 职场技能
类最具价值公众号 Top 2

2

快速打造
高富帅 PPT

- 打造一个帅气的 PPT 需要几步？
- 时间紧迫，老板催着要怎么办？

这一章，教你搞定！

2.1　那些年我们看过的"辣眼睛"PPT

简单易上手，是 **PowerPoint** 的最大优点之一。之所以很多 PPT 动画爱好者宁愿用 PPT 折腾几个小时去完成专业动画制作软件上可能分分钟就能搞定的效果，很大程度上就是因为那些动画制作软件学习成本太高。

但是，也恰恰是因为容易上手，让很多人都认为 PPT 没什么好学的——能简单打几段字，插入一两张图片，再加上动画，就觉得自己会做 PPT 了。你会发现，不少求职简历上写着"熟练运用 Office 软件"的人，做出来的 PPT 都是下面这样的"辣眼睛"造型。

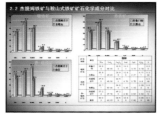

▲ 在各行各业都能看到这样的"辣眼睛"PPT

有的人可能对此不以为然。在他们的心目中，自己还不至于把 PPT 做成上面这个样子——毕竟他们收集了一大堆精美的 PPT 模板。

可事实上，如果你不懂基本的 PPT 设计，再精美的 PPT 模板也逃不过被白白糟蹋掉的命运。

▲ 阿文出品的模板 & 某个套用了该模板的 PPT

问题出在哪里?

新手制作 PPT,即便使用了模板仍然极有可能"辣眼睛"的很大一个原因在于不知道该如何进行排版。

要理解排版的重要性,我们不妨来看看下面两张图片。

▲ "混乱"的感觉到底是什么因素导致的?

同样是有非常多物件的两张照片,左图的摄影器材大的大、小的小,长短形态各不相同,但整体感觉却整齐有序;而右图的电线,虽然每根质地、粗细、颜色都差不多,但整体看上去却非常混乱。

再来看下面两张图,和前面的图片一样,拍摄对象也是线缆,这些线缆颜色还各不相同,可你会觉得整个图片乱糟糟吗?

▲ 虽然五颜六色却给人以"有序"的感觉

　　通过这个例子，相信你一定能发现：**如何排列和放置物件，对我们的感受认知有着巨大的影响**。在制作 PPT 时，如果我们不重视排版，只管把手中的文字和图片素材一股脑地丢到页面上，又或是随意更改模板上的元素大小、颜色、位置等属性，只求能把文字内容"装完"，最终效果自然是一团糟了。

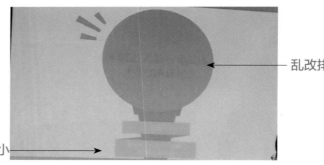

乱改排版和颜色

随意调节色块大小

　　再来看前面这个胡乱套用模板的例子，这位同学首先是把模板中整齐摆放的主副标题变成了一长一短的两行文字，把下方原本大小一致的两个绿色色块变成了一大一小、一粗一细，还随意改变了标题文字的字体和颜色，导致文字内容和背景混在一起，根本无法看清，"李逵变李鬼"也就在所难免了。

2.2 打造一个帅气的PPT需要几步

制作 PPT 就好像是穿衣打扮，即便普通人很难像明星、模特那样穿件白 T 恤都能迷倒万千少女，但好好收拾收拾，展现出自己阳光帅气的一面还是没什么压力的。

打造一个帅气的形象我们可能会从发型、妆容、衣着、配饰等方面入手，打造一个帅气的 PPT 是否也有一定的套路可循呢？

根据多年的观察与实践，我们总结出了一套简单的**四步变身法**，只要按图索骥，完成指定四个步骤的操作，你的 PPT 就一定可以变得干净又帅气！

记好啦，这四个步骤就是：**统一字体、突出标题、巧取颜色、快速搜图**。

Step 1	Step 2	Step 3	Step 4
统一字体	突出标题	巧取颜色	快速搜图

▲ 秋叶团队独创的 PPT 美化"四步法"

简单解释一下这四个步骤。

（1）统一字体：将 PPT 的文字部分统一设置为"微软雅黑"等稳妥的字体；

（2）突出标题：采用加大字号、加粗、换行等方式，突出标题内容；

（3）巧取颜色：对 Logo 取色或使用企业色、主题色，对 PPT 进行简单的配色；

（4）快速搜图：利用"关键词搜图法"等方法为 PPT 配图。

接下来，我们就通过实际案例对这四个步骤进行具体说明，欢迎大家一起来练练手。

扫码看视频

Step 1：统一字体

在第 1 章，我们给大家介绍过一些不错的中文字体。但要使用这些字体，需要预先进行搜索、筛选、下载、安装等一系列的准备工作，很多时候还得承担"换电脑掉字体"的风险。对于日常非商业用途的 PPT，大家可以选择使用美观度尚可的 Windows 自带字体"微软雅黑"。下面就来看看如何把一整套 PPT 的字体统一为"微软雅黑"。（注意："微软雅黑"字体不能商用！）

⚙ 快速将 PPT 的字体统一为"微软雅黑"

首先，还是让我们一起来看看原稿长什么样。

操作方法

在"开始"选项卡最右侧找到"替换"按钮，单击按钮旁边的小三角展开下拉菜单，选择"替换字体"，在弹出的对话框中，设定好替换方案——将"宋体"替换为"微软雅黑"，单击"替换"按钮即可。

要点提示

（1）本操作会将整个 PPT 所有页面中使用"宋体"的文字都更改为"微软雅黑"字体，并非只针对当前页面；

（2）如果目标 PPT 还使用了其他字体，可重复本操作，将其他字体替换为"微软雅黑"字体，直至所有字体都统一为止。

修改好的 PPT 页面如下图所示。

问题&分析&对策

问题：路演混乱，人手少。
信息缺乏共享，大家的困难不能交流。
扫楼进行的很晚，不彻底，敷衍了事。
分析：路演当天大部分人在做招新，人员安排不过来。
很多人都是单兵作战，缺乏沟通交流，缺少合作。
国庆期间，2个人，1000多份单页发放，精力有限，效果不好。
对策：与骨干协商，协调好人手，寻求周围校区路演支持。
能见面的不要电话、能电话的不要短信，做好交流沟通。
时间、人手的安排好，在有限的精力、人力情况下做好扫楼。

Step 2：突出标题

经过第一步操作，页面文字看起来更清晰整洁了，但文字的数量太多，给阅读和获取信息造成了很大的阻碍，因此我们需要把这段文字里的标题、要点通过强调的方式突出展现出来。有一种说法是"PowerPoint，要的就是有力的（Power）观点（Point）。"突出标题就是一种有效的手段。

✿ 通过加粗、放大、缩进，突出标题要点

具体该怎么操作呢？不妨和我们一起来改改看！

操作方法

选中段落中的标题文字。本例中的标题内容为"问题：……""分析：……"及"对策……"。这些文字并不连续，所以需要按住 Ctrl 键，分别进行拖选。选中后单击"加粗"按钮，再适当加大字号。

接下来，还是按住 Ctrl 键，分别拖动选中每一行标题下方的内容文字，为其设置缩进，从视觉感官上进一步突出标题。

按住 Ctrl 键拖选内容　　　点击设置缩进

要点提示

（1）加粗、放大要点标题后，有可能会导致标题文字跳行，可适当拉宽文本框进行调整。

文本框不够宽，标题可能跳行

对策：与骨干协商，协调好人手，寻求周围校区路演支持。
能见面的不要电话、能电话的不要短信，做好交流沟通。
时间、人手的安排好，在有限的精力、人力情况下做好扫楼。

→

对策：与骨干协商，协调好人手，寻求周围校区路演支持。
能见面的不要电话、能电话的不要短信，做好交流沟通。
时间、人手的安排好，在有限的精力、人力情况下做好扫楼。

（2）如果本页顶部有章节大标题存在，那么也要对它进行相应调整，保证其字号等于或大于要点标题，以体现正确的逻辑层次关系。

修改好的 PPT 页面如下图所示。

> **问题&分析&对策**
>
> **问题：路演混乱，人手少。**
> 　信息缺乏共享，大家的困难不能交流。
> 　扫楼进行的很晚，不彻底，敷衍了事。
> **分析：路演当天大部分人在做招新，人员安排不过来。**
> 　很多人都是单兵作战，缺乏沟通交流，缺少合作。
> 　国庆期间，2个人，1000多份单页发放，精力有限，效果不好。
> **对策：与骨干协商，协调好人手，寻求周围校区路演支持。**
> 　能见面的不要电话、能电话的不要短信，做好交流沟通。
> 　时间、人手的安排好，在有限的精力、人力情况下做好扫楼。

Step 3：巧取颜色

为了让标题与要点更加突出和显眼，方便观众抓住内容精髓，我们往往还会对它们设置与正文文字不同的颜色。

如果你的单位有特定的企业用色或 VI 用色，可以直接套用；如果没有，从企业 Logo 上取色，或结合 PPT 主题来挑选颜色也是一个不错的选择。

✿ 从企业 Logo 中取色套用

以"秋叶"这个品牌 Logo 为例，让我们看看取色套用的过程是怎么样的。

操作方法

首先，在当前页面插入企业 Logo 图片。如果没有现成图片文件，可以到企业官网去截图，然后粘贴到当前页面。

选中段落中的标题文字，打开"文字颜色"下拉菜单，选择"取色器"，移动吸管工具到 Logo 上单击即可。

"秋叶"Logo 为纯色设计，比较方便取色。如果你要取色的企业 Logo 为多色或渐变色设计，可以用取色器吸取其中最具有代表性的颜色。

要点提示

（1）为了体现出逻辑层次上的区别，我们可以将页面的大标题设计为底色红色、文字白色的反白形式。

（2）"红黑配"是经典的颜色搭配方案，但如果是大标题使用了红色为底色，文字再用黑色就很难看清了。实在要用的话可以试试左边的样式。

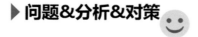 

到这里，我们的 PPT 已经整洁很多了。

> **问题&分析&对策**
>
> 问题：路演混乱，人手少。
>   信息缺乏共享，大家的困难不能交流。
>   扫楼进行的很晚，不彻底，敷衍了事。
> 分析：路演当天大部分人在做招新，人员安排不过来。
>   很多人都是单兵作战，缺乏沟通交流，缺少合作。
>   国庆期间，2个人，1000多份单页发放，精力有限，效果不好。
> 对策：与骨干协商，协调好人手，寻求周围校区路演支持。
>   能见面的不要电话、能电话的不要短信，做好交流沟通。
>   时间、人手的安排好，在有限的精力、人力情况下做好扫楼。

Step 4：快速搜图

关于搜图的技巧，我们在第 1 章里已经有过详细的讲解，这里就不再过多重复。需要提醒大家注意的一点是，图片素材会占据页面上一定的空间，插入配图后，一定要从页面整体视角重新调整版面结构、文字大小和段落位置。切忌不可"哪里有空位就放哪里"！

⚙ 根据页面主旨搜图配图并整理版面

本页的主要内容是在分析问题、寻找对策，因此使用"问题""分析""思考"等词语作为关键词进行搜图即可——这里我们选用了一张在 Pixabay 上找到的图片。

插入图片，调整图片的大小、位置和层级关系，重新规划版面。但很显然，单方面调节图片去将就段落是不可取的。因此，接下来还要对段落进行调整。

仅调图片

选中文字段落，使用"减小字号"按钮将段落字号整体适当缩小。然后单击"段落"功能区右下角对话框启动器按钮，在弹出的对话框中将行距设置为"多倍行距"，填写倍数"1.3"。

要点提示

（1）当文本框中包含有不同字号（如 18 号和 22 号）的文字时，字号框会显示"18+"。此时可以选中文本框的边框线，单击加减字号按钮整体加减，二者相对大小关系不变。

（2）除了单击按钮加减，字号亦可手动输入，支持保留到小数点后一位。

完成段落调整后，重新规划版面，最终效果如下。

如果觉得使用真人图片商务感太强，也可以选用一些与内容主旨相关的非人物类图片，如问号、放大镜、灯泡等来传递"问题""分析""思考"的内在含义。

> ▶ **问题&分析&对策**
>
> 问题：路演混乱，人手少。
>   信息缺乏共享，大家的困难不能交流。
>   扫楼进行的很晚，不彻底，敷衍了事。
> 分析：路演当天大部分人在做招新，人员安排不过来。
>   很多人都是单兵作战，缺乏沟通交流，缺少合作。
>   国庆期间，2个人，1000多份单页发放，精力有限，效果不好。
> 对策：与骨干协商，协调好人手，寻求周围校区路演支持。
>   能见面的不要电话、能电话的不要短信，做好交流沟通。
>   时间、人手的安排好，在有限的精力、人力情况下做好扫楼。

让我们换个例子再看一遍

　　右侧是一份仅仅只有基础文字内容的 PPT，现在我们还是使用和前面一个案例中一模一样的"四步法"，看看能不能把它变成一份干净帅气的 PPT！

原稿

> 2、文化遗产：国家和民族历史文化成就的重要标志
>
> (1)地位：是一个国家和民族历史文化成就
> 的重要标志，人类共同文化财富。
> (2)作用：对于研究人类文明的演进，展现世
> 界文化的多样性具有独特的作用。

> 2、文化遗产：国家和民族历史文化成就的重要标志
>
> (1)地位：是一个国家和民族历史文化成就
> 的重要标志，人类共同文化财富。
> (2)作用：对于研究人类文明的演进，展现世
> 界文化的多样性具有独特的作用。

Step1：统一字体

> 2、文化遗产：**国家和民族历史文化成就的重要标志**
>
> **(1) 地位：**
>   是一个国家和民族历史文化成就的重
>   要标志，人类共同文化财富。
> **(2) 作用：**
>   对于研究人类文明的演进，展现世界
>   文化的多样性具有独特的作用。

Step2：突出标题

> 2、文化遗产：**国家和民族历史文化成就的重要标志**
>
> **(1) 地位：**
>   是一个国家和民族历史文化成就的重
>   要标志，人类共同文化财富。
> **(2) 作用：**
>   对于研究人类文明的演进，展现世界
>   文化的多样性具有独特的作用。

Step3：巧取颜色（历史：城墙色）

> 2、文化遗产：**国家和民族历史文化成就的重要标志**
>
> **(1) 地位：**
>   是一个国家和民族历史文化成就的重
>   要标志，人类共同文化财富。
> **(2) 作用：**
>   对于研究人类文明的演进，展现世界
>   文化的多样性具有独特的作用。

Step4：快速搜图

虽说"四步法"做出来的 PPT 还谈不上完美，但能让零基础的初学者仅用极少的时间和精力，就能做出这样的效果，我们认为："四步法"称得上是每一位初学者都应掌握的 PPT 制作基本功，值得推荐给所有新手学习！

如果你还想百尺竿头更进一步，那下面这些知识，一定可以助你一臂之力！

2.3　什么是PPT主题

"PPT 主题"这一功能，大部分初学者都了解得不多，但认真说起来，"主题"这个概念，我们每个人都接触得不少。因为不管是手机还是电脑系统，都有主题功能，只是说如果你不爱折腾的话，可能一直使用了默认主题而已。

▲ 小米手机主题商店 & Windows 10 主题设置窗口

从这两个例子可以看出，主题其实就是一种视觉化风格的体现，它往往需要多种元素相辅相成才能展现出效果——如左上图中"惊奇队长"手机主题，哪怕你用上同款壁纸，但只要各种应用图标还是老样子，表现力就会大打折扣。

对于 PPT 来讲，一套完整的主题包括颜色、字体、效果及背景样式四种要素。只要我们用好了 PPT 主题，就等于是为一套 PPT 规定好了明确而统一的配色方案、字体搭配、效果展现，整套 PPT 的风格也就随之得到了统一。

▲ PPT 主题可在"设计"选项卡右侧"变体"功能区进行设置

PPT 主题的四要素

下面我们分别来看一看主题的四要素对形成前面所说的"视觉化风格"都有些什么样的作用。

主题颜色

选择不同主题颜色可以改变调色板中的配色方案。如果 PPT 是使用主题色进行配色的，更改主题颜色可以瞬间完成全局颜色替换。

主题字体

可以设置 PPT 标题及正文的默认字体样式。默认的 Office 主题正文字体为"等线"，因此当你新建文本框时，字体会默认为"等线"。

主题效果

选择不同的主题效果可以改变 PPT 中形状、SmartArt、图表等元素快速样式的风格，也可以影响这些元素的默认样式。

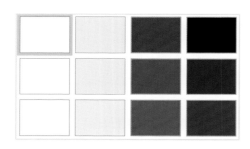

背景样式

可以让我们快速统一设置所有幻灯片页面的背景色及与之搭配的文字颜色。背景样式的主色调可在"自定义主题色"中设置。

2.4　如何利用主题打造特定的风格

正如同我们前面讲到的手机主题案例一样，在 PPT 里改变主题的四要素，使之相互搭配，就能综合展现出某些特定的风格。让我们通过一个实例看看具体怎么做。

✿ 修改主题四要素让 PPT 改头换面

左下图是一份有关圣诞节活动的 PPT 封面。很显然，PPT 的配色与圣诞节主题不是特别搭调。将 PPT 的"主题颜色"调整为"红色"方案，效果更符合圣诞节气氛。

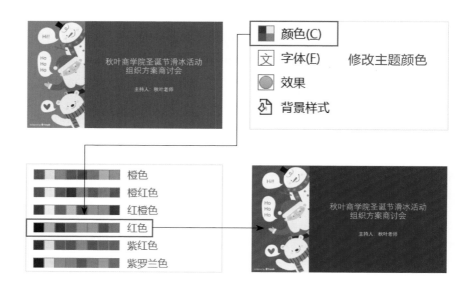

在"主题字体"中选择"微软雅黑 - 黑体"的搭配方案，然后单独加粗标题，让标题文字更显眼，增强层级之间的对比。

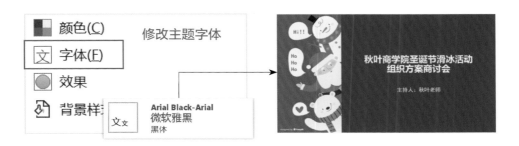

在"背景样式"中选择"样式 9"的"白色 - 灰色"背景渐变方案，模拟出雪地的感觉，进一步烘托气氛。

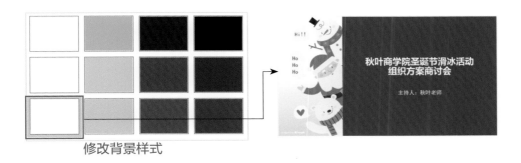

对比一下修改前后的效果，右边的方案是不是比原稿好多了呢？

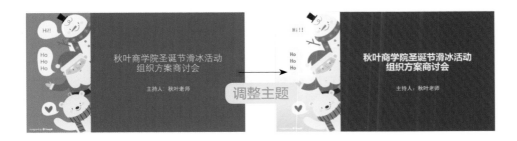

不知道你注意到没有，在本例的整个修改过程中，除了加粗标题，我们没有选中任何具体的形状或文本框元素进行设置，仅仅是调整了主题四要素

中的三个，PPT 的风格就发生了极大的改变。

　　另外，虽然这里只展示了一页 PPT 的变化，但事实上修改主题元素是针对整个 PPT 的所有页面同时生效的！所以，当我们需要制定一整套 PPT 的风格时，使用这种方法的效率可以说是相当惊人的！

　　一点不足

　　不过，用这种方法来修改已经成型的 PPT，也有一些局限——如果某 PPT 不是通过主题对字体、颜色等元素进行的统一设置，而是手动对单一元素进行设置的话，更改主题是无法使其随之改变的。

选中标题文本框，手动设置字体

设置主题字体，标题字体不会改变

　　除此之外，高端的 PPT 制作往往很讲究针对性，几乎没可能在一个旧 PPT 上通过更换主题来修改更新，所以这一方法适用面相对较窄，更适合于新手或不常做 PPT 的人使用——花点心思制作一次，下次还是拿这个 PPT 改个合适的主题、更换掉文字内容，工作很快就可以搞定了。

2.5　如何设置PPT的主题

　　前面我们说到，手动指定字体、颜色之后，就无法再使用主题功能全文批量调整了。那么为了保留批量调整的可能性，我们是不是必须要在开始制作 PPT 之前，花费很多时间去逐一设置主题四要素呢？

答案是：不一定。

如何使用 PPT 的内置主题效果

在 PowerPoint 的"设计"选项卡里内置了 30 多套主题供我们选用。如果不是特别正式的使用场合，对效果没有过多要求，只需在短时间内完成一个 PPT 来应急的话，我们完全可以使用这些内置的主题效果，达到"一键搞定"主题设置的效果。

▲ PowerPoint 内置的主题，可以一键套用

想要使用内置的主题效果有以下几种方法：

（1）直接左键点选某主题样式，或右键点选某主题样式，选择"应用于所有幻灯片"，可将该主题应用于整个 PPT 的所有页面；

（2）选中单页或多页幻灯片后，右键点选某主题样式，选择"应用于选定幻灯片"，可更改当前选中页面的主题样式；

（3）如果当前 PPT 使用了多个不同的主题，则右键菜单中会多出"应用于相应幻灯片"选项，选择此选项，可将选定的主题应用到与当前选定页面使用了相同主题的所有幻灯片上。

▲ 多主题 PPT 可以分主题批量设置新的主题

想要做得更好？

和前面我们学过的"四步法"相类似，使用 PowerPoint 内置的主题，的确方便快捷，但如果对 PPT 质量有一定要求，如需要用于汇报、提案、答辩等场合，这些主题还是显得有些粗糙，甚至还可能会给人以敷衍了事的感觉。如果想要获得更好的效果，还是建议大家花一点时间自行搭配、调整主题效果，或者新建自定义主题使用。

如何新建自定义 PPT 主题

在上一节里我们学习了通过指定 PowerPoint 自带的主题颜色、字体、背景样式来设置 PPT 主题的方法。如果你在 PowerPoint 自带方案中找不到满意的方案，也可以自行创建新的主题方案。下面我们通过两个例子来了解一下新建自定义主题颜色和主题字体的方法。

✿ 如何新建自定义主题颜色和主题字体？

还记得在前面内容中选择主题颜色的下拉菜单吗？在下拉菜单底部有一个"自定义颜色"的选项。单击它，在弹出的对话框中就可以修改主题颜色了。

▲ 设置自定义主题颜色的对话框

这个弹出对话框里列出了这么多种颜色，更改之后能带来什么变化呢？看看下面的图示关系，你就都明白了！

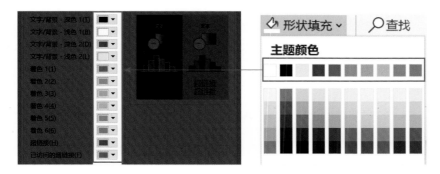

▲ 主题颜色其实就是填充色盘里的第一行

原来，**主题颜色决定着我们在设置形状、字体、线条颜色时在调色盘里能直接选取到的颜色。** 调色盘中下方纵列的颜色，均是主题色的深浅变化而已。

再来看主题字体。设置主题字体和设置主题颜色类似，只是在设置主题字体的时候，需要分别设置西文状态和中文状态，分别设置标题字体和正文字体。也就是说一共要设置好 4 种字体，才算是搭配好了一套自定义主题字体。

▲ 主题字体的设置与主题颜色的设置基本相同

搭配好主题字体之后，在页面的标题及正文框体中输入文字，文字的字体会自动变为设置好的标题或正文字体；新建文本框输入文字，字体会变为设置好的正文字体。可想而知，**如果你经常制作同一风格的 PPT，新建一套自定义主题字体方案将大大提高你的工作效率。**

▲ 将主题字体设置为 Impact+Arial、方正综艺简体 + 微软雅黑 的效果

保存后的自定义主题颜色和自定义字体，会出现在系统主题方案列表顶部，即便是关闭 PowerPoint 之后再次打开，又或者是新建一个 PPT，都能看到这些自定义方案，并可以直接单击完成套用，非常方便快捷。如果不需要这个自定义方案了，右键单击即可在菜单中将其删除。

▲ 自定义主题方案会列在系统主题方案列表的顶部

2.6 如何保存常用的PPT主题

当我们设计好 PPT 主题的四大元素（特别是主题颜色和主题字体），制定好一套 PPT 主题之后，很有可能在未来需要反复用到它。在这种情况下，我们就可以把这套 PPT 主题保存下来，让它成为上一节开头我们所说的那种可以"一键式设置"的 PPT 主题。方法也很简单，只需在主题列表下拉菜单底部单击"保存当前主题"即可。

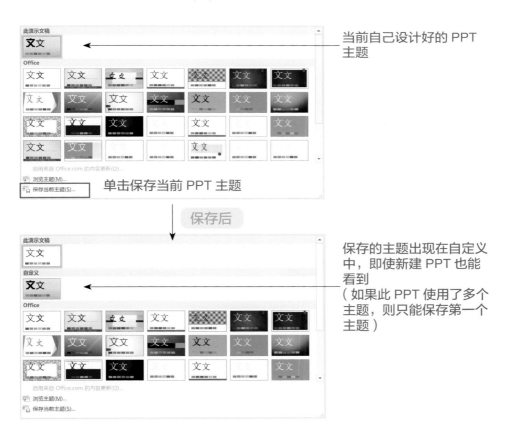

当前自己设计好的 PPT 主题

单击保存当前 PPT 主题

保存后

保存的主题出现在自定义中，即使新建 PPT 也能看到
（如果此 PPT 使用了多个主题，则只能保存第一个主题）

和主题字体、主题颜色一样，自定义的主题方案会出现在 PowerPoint 自带方案列表顶部，右键可以对其删除，或设置为默认主题（不推荐）。

2.7　到哪里去找更多的主题方案

　　觉得 PowerPoint 自带的主题方案不够好，自己重新搭配又嫌麻烦，能不能像从网页上下载 PPT 模板那样去下载更多的 PPT 主题呢？

　　下面通过实例进行讲解。

⚙ 方法一：通过 Office 官网获取 PPT 主题

　　访问微软 Office 主页，单击顶部菜单中的"模板"，跳到 Office 模板和主题页面，向下滚动页面，找到按应用分类，选择 PowerPoint，打开 PPT 模板列表。

▲ Office 官网主页（注意不是微软主页）提供模板主题下载

　　单击合适的主题，然后再单击下载，会得到一个扩展名为 .potx 的文件，直接双击打开这个主题模板，可开启此主题。

▲ 下载、打开 Office 官网提供的主题模板文件

　　当然，你也可以使用我们之前讲过的方式，把这个主题保存为自定义主题，增添至"自定义主题"栏，方便下次调用：

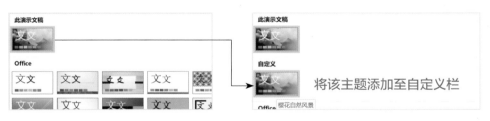

▲ 将下载的主题模板文件添加到"自定义主题"

⚙ 方法二：在 PowerPoint 内部获取 PPT 主题

　　除了在官网下载主题，直接在 PowerPoint 中单击"文件 - 新建"，也可以在右侧界面看到许多 PowerPoint 自带的主题模板。

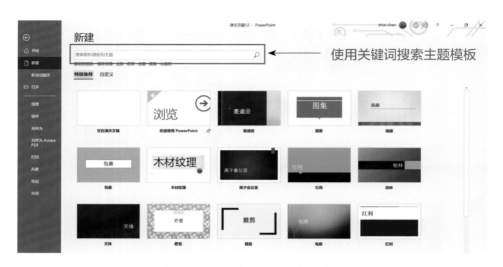

▲ 在 PowerPoint 中新建文档时的界面

　　如果你需要特定内容的 PPT 主题，可以在顶部的搜索框内输入关键词后回车搜索，或直接单击搜索框下方的建议关键词进行搜索。

　　选择合适的主题模板，在弹出窗口中单击"创建"即可下载并打开此模板。

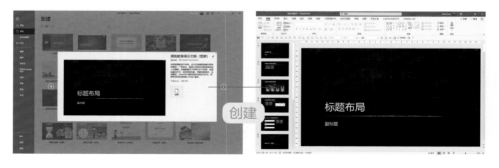

▲ 选定主题，创建模板

看到这里，一定有同学会提问了："PPT 主题就是我们所说的 PPT 模板吧？我看它们也没什么区别啊！"

你可别说，它俩还真不一样！

PPT 主题和 PPT 模板的区别

严格来说，我们常说的"PPT 模板"应该是"PPT 主题"，它包含了精心搭配的主题颜色、主题字体及背景样式（或背景图片），可以让我们快速完成 PPT 的大体布局，后期也能做整体调整。

但从网上下载的 PPT 模板，大多数制作者并没有花那么多心思按照主题四要素对模板进行制定，很多看起来很漂亮的模板，主题却与之不符。

主题字体的不规范就会导致当我们想在某处加一段文字时，新建文本框里敲出来的字是"宋体"，而不是和模板其他部分相匹配的"微软雅黑"。

▲ 主题字体设置不规范带来的问题

打开"开始"选项卡的"版式"下拉菜单，这份 PPT 模板几乎所有的版式都是"标题幻灯片"版式，而且排在第一位的还是空白页，这就难怪它的主题缩略图背景是空白，而不是像规范化设置的 PPT 主题那样呈现出封面背景了。

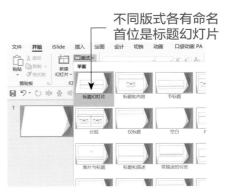

▲ 版式设置不规范带来的问题

PPT 主题还有哪些优势？

　　除了更加规范、便于修改使用之外，和 PPT 模板比起来，PPT 主题还有一个更大的优势就是：**PPT 主题不一定是一套从封面到封底的完整 PPT 讲稿**。事实上，从"主题"这个词的中文意思我们也能感受到这一点——它只是多个事件的中心点，所以中文里才有"围绕主题"的说法。

　　于是，你便能在微软提供的教育类 PPT 主题中搜索到诸如"课堂计时器""奖状证书""日程表"这类具备极强功能性的 PPT 主题。

▲ 各种功能性极强、有明确指向性用途的 PPT 主题

　　要知道，"如何在 PPT 中插入倒计时"一类的问题在知乎上的解法可谓是花样百出，做动画的、装软件的、用插件的，甚至还有不惜写程序来搞定的。

怎么在PPT中插入倒计时？

Edward Yin：可以写个winform程序控制ppt的字符显示，如下：鉴于有的小伙伴需要源码，我现在已经把项目提交到Github上。… 阅读全文 ∨

　　谁曾想到，最简单的做法是直接打开 PowerPoint，搜索一个计时器的 PPT 主题就搞定了？从 30 秒到 30 分钟，每页一种计时方案任你选择！

只为解决倒计时
这一单一需求而
存在的 PPT 主题

▲ 从平面效果到动画，全都不需要你操心，直接播放就好

　　想要做得更文艺一点？那就选择沙漏款的！同样不需要操心动画设置问题，选定计时长度，按 Shift+F5 组合键从当前页开始播放，然后单击"启动计时器"即可。现在你知道 PPT 主题要比 PPT 模板好用多了吧？

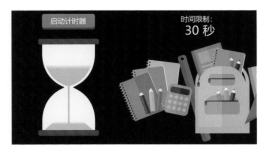

这样的动画，新手怕是很难做出来

▲ 沙漏款计时器的动画设置比闹钟款更为复杂

2.8　什么是图片背景填充

　　前面我们说到，制作 PPT 主题时会以封面背景为依据生成缩略图。那么，封面背景图是怎么来的呢？除了通过设置 PPT 主题将页面背景改为图片以外，我们也可以自行手动设置图片为页面背景。这就是 PPT 的图片背景填充功能。

扫码看视频

⚙ 将电脑上的图片填充为 PPT 背景

　　在"设计"选项卡工具栏右端单击或直接在页面单击鼠标右键，在菜单中选择"设置背景格式"，均可以打开设置背景格式对话框。在这里，我们就可以将图片设置为 PPT 的页面背景了。

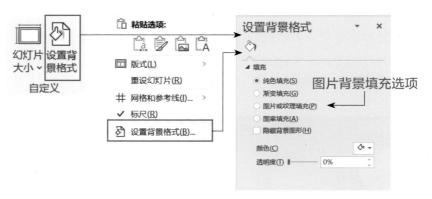

　　▲　"图片填充" 是四种幻灯片背景填充方式中的一种

在填充方式中选择"图片或纹理填充",然后单击"文件"按钮,在弹出的对话框中选择用于背景填充的图片文件,打开进行填充。如果想要把 PPT 的每一页都填充为这张图片,在完成填充之后,单击面板底部的"应用到全部"按钮即可。

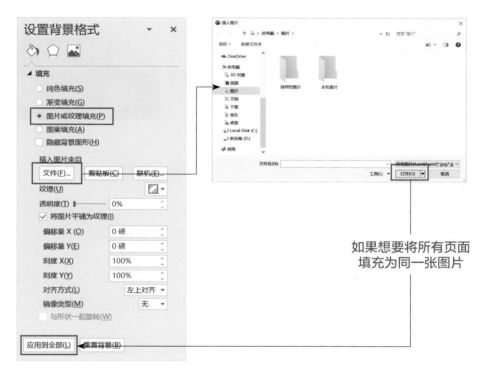

▲ "图片背景填充"的具体流程

多种多样的图片填充效果

为 PPT 页面填充背景图片时,最终的填充效果与图片本身的大小比例和具体填充方式有很大关系,PowerPoint 也为用户提供了大量的控制手段,诸如是否平铺填充、偏移量控制、对齐方式控制、是否镜像重复等。下面我们就通过几个实际例子来深入了解一下。

✿ 使用拉伸模式对背景进行填充

将图片拉伸后填充是使用图片填充背景时的默认填充方式，它能使不同比例的图片均可填充至 PPT。例如，我们想要把一张竖方向的图填充给 PPT 时，默认效果是这样的。

▲ 不管图片比例如何，填充后都会占满页面背景

对于这种竖图，PPT 会在保证图片比例不变的情况下，将其宽度拉伸至与 PPT 页面宽度相等，然后将图片垂直居中放置，对超出页面部分则不予显示。

图片拉伸填充后，我们还可以调节它在左、右、上、下四个方向上的偏移量。虽说名字叫"偏移量"，但却更像是图片相对页面的"拉伸比例"。

将图片平铺为纹理(I)	
向左偏移(L)	.0%
向右偏移(R)	.0%
向上偏移(O)	-83%
向下偏移(M)	-83%
✓ 与形状一起旋转(W)	

本例图片在上、下两个方向产生偏移量（超出页面）

▲ 图片与背景比例不吻合，填充后会产生偏移量

例如，在当前这个例子里，在完成填充后按 Ctrl+Z 组合键，又或者手动将"向下、向下偏移量"改为 0，可以将背景图片原本未显示的区域以压缩的方式全部"挤进"PPT 页面来。这种方法虽然看似可以自由调节画面显示区域，但调节后的图片画面已经变形失真，几乎没有什么实用价值。

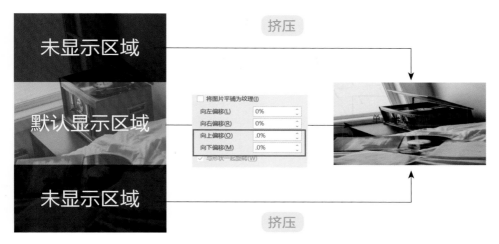

▲ 在拉伸模式下进行图片填充，调整偏移量会导致图片变形失真

⚙ 维持原图比例不变的平铺模式

与拉伸模式相比，平铺背景填充则是一种维持图片原大小、比例不变的填充模式。我们只需在完成图片背景填充之后，手动勾选"将图片平铺为纹理"选项即可。如果原图大小不足以覆盖整个 PPT 页面，PowerPoint 会先用原图大小填充一次，然后再通过重复显示的方式最终铺满整个页面。

▲ 勾选"将图片平铺为纹理"后的图片填充效果

在本例中，原图在垂直方向上是足够铺满页面的，而水平方向就差了一大截，所以最终在水平方向呈现出来了"两个还多一点儿"的图片内容。

参看背景格式面板可以发现当前图片是以左上角为依据与页面进行对齐

的，且缩放比例为 100%。如果你想要调整图片的平铺效果，可以调节这些数值使效果发生改变——如修改偏移量 X/Y，可以让图片单位在 X 轴、Y 轴方向上产生位移；修改刻度 X/Y，可以让平铺的图片单位大小发生变化等。

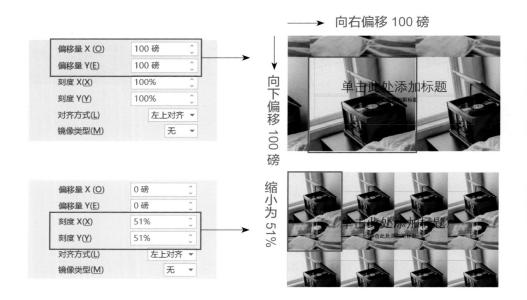

⚙ 平铺背景填充模式的更多玩法

通过前面的例子我们可以看到，**图片在经过平铺之后，会形成在 X 轴或 Y 轴上多次重复的效果**。利用这个特性，再结合网上可以很容易下载到的平铺纹理素材，我们可以轻松打造出不俗的无痕拼接平铺背景效果。

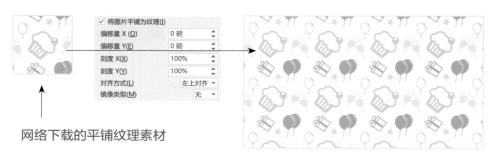

▲ 结合纹理素材，轻松打造无痕拼接图片背景

此外，对于一些特定的图片，将平铺设置为水平或垂直的"镜像类型"，结合偏移量的调节，也能做出不错的效果。

▲ 打开脑洞，利用镜像平铺开发出图片素材新的用法

⚙ 更加自由的图片填充方式

虽然平铺模式有很多有趣的玩法，但在工作和学习时用到的 PPT 中，我们更多的是希望能够将一张图片 1：1 地填充为背景。而使用拉伸模式填充又需要通过设置偏移量来调整图片的显示区域，很不直观。**因此我们建议你采用更加自由的填充方式：先定位，再填充**。具体的做法如下。

首先插入需要填充的图片，如果是网络图片可以直接从网页复制，进入 PPT 粘贴即可。

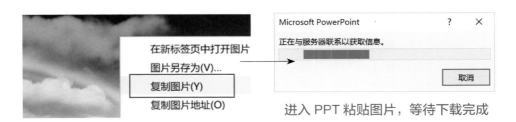

进入 PPT 粘贴图片，等待下载完成

粘贴完成之后，发现图片比 PPT 页面略小。拖动图片的四角，等比放大图片，使其能够完全覆盖 PPT 页面（下页右图中黄色区域为 PPT 页面大小范围示意）。

或者也可以根据图片的具体内容，对其进行不同程度的放大和移动，选择不同的覆盖方案，总的来说就是**把想要填充为背景的部分画面留在页面内**。如本例中，就可以放大图片后仅保留彩虹部分的画面在 PPT 页面范围内。

选中图片，使用"图片格式"工具栏中的"裁剪"命令裁剪图片，拖动裁剪框至页面边缘（会有自动吸附效果），然后单击图片外的范围退出裁剪模式，完成裁剪。

完成这一步操作之后，从视觉效果上看，我们已经达到了想要的效果。但此时的图片尚未填充为页面背景，仅仅是与页面大小一致而已。

因此，我们还需要选中图片，按 Ctrl+X 组合键剪切，打开设置背景格式对话框，背景填充模式选择"图片或纹理填充"，单击"剪贴板"按钮完成填充。

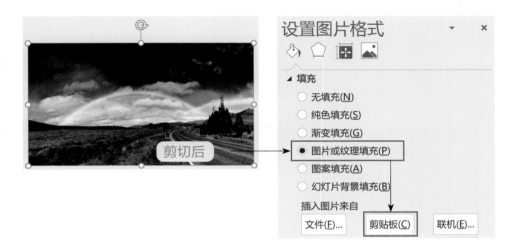

由于裁剪后图片的大小与 PPT 页面的大小刚好一样大，将其填充为 PPT 背景时不会产生任何的拉伸变形，也不需要任何后续的偏移量调节，非常方便。只不过在放大图片的过程中，请一定留意图片的清晰度。原图清晰度不够高的话，过分放大之后画面会很模糊的。

裁剪出合适的图片，再搭配文字和线框，就能做出不错的 PPT 封面来

2.9　如何调整PPT的页面比例

　　在 PowerPoint 2013 版出现以前，PPT 默认的页面比例都是 4∶3，大多数投影仪幕布也是这个比例。这样，幻灯片投影出来就刚好能占满整个幕布。

　　随着时代的发展进步，越来越多的演示场合开始使用 LED 屏幕，广大中小学也开始使用液晶屏电教板，PPT 的默认页面比例也就随之变成 16∶9 了。

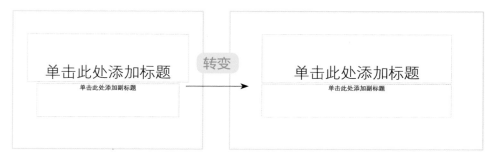

▲ 宽屏 16∶9 的 PPT 逐渐成为了主流

设置不同的页面比例

　　不过，我们仍然可以手动更改幻灯片的比例。单击"设计 - 幻灯片大小"即可非常方便地在 4∶3 和 16∶9 两种比例之间切换，单击"自定义幻灯片大小"还有更多可以选择的尺寸类型：

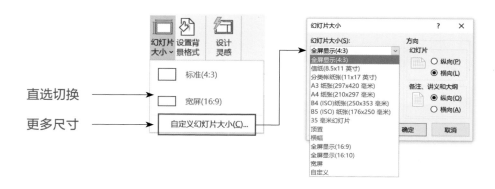

要提醒大家注意，当我们修改 PPT 的页面比例时，页面上图片、形状等元素的大小和间距都会发生相应改变，往往需要重新修改和排版。因此，最好在制作前就考虑好幻灯片的页面比例。

▲ 16：9 的 PPT 直接更改页面比例为 4：3，顶部和底部会出现白边

设置 PPT 页面为纵向

有时，PowerPoint 不仅被用来制作演示文档，由于其排版自由的优点，我们还会用它来制作简历等其他形式的文档，此时就需要把 PPT 的版面设置为纵向。

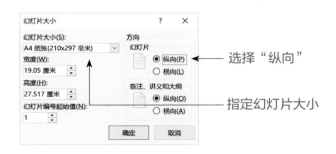

▲ 在幻灯片大小对话框中更改 PPT 的页面方向

除了制作简历以外，纵向的页面还适合用于编写书籍。如本书自第一版起，每一版的初稿都是用 PPT 写成的哦！

A4 大小的纵向版式　　　用 PPT 完成书籍初稿

特殊页面比例与自定义幻灯片大小

在预设的页面比例中，除了常见的纸张尺寸比例，还有一些特殊的页面比例，如用于制作横幅的长条形"横幅幻灯片"，单击下拉菜单即可选择。

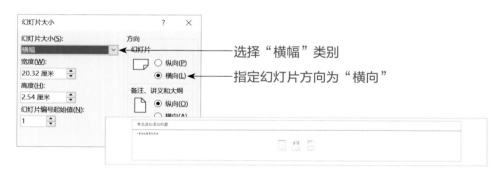

选择"横幅"类别

指定幻灯片方向为"横向"

▲ 直接用预制页面比例"横幅"生成的 PPT 页面

如果你足够细心，就一定会发现，随着我们选择的预设页面版式变化，幻灯片的宽度值和高度值也在发生改变。或者说，正是因为宽度和高度的改变，才导致了页面版式变化。因此，我们完全可以根据需要，自行输入宽度和高度值，打造自定义大小和比例的页面版式。

如将 PPT 页面设置为宽高比为 1 ∶ 1 的正方形，就可以用来设计自己的微信、微博头像了。

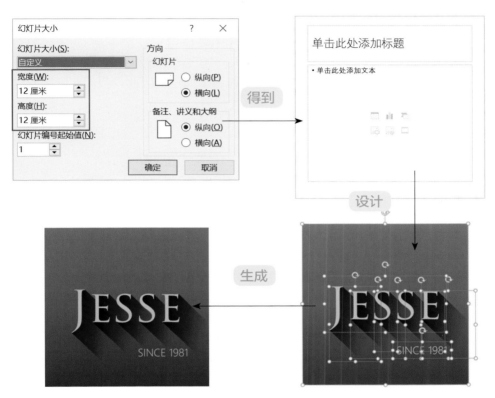

▲ Jesse 老师的微博、微信头像就是用 PPT 设计出来的

　　知道怎么自定义 PPT 页面大小之后，还可以用它来制作明信片、信封、海报、台历……不管需要什么尺寸和比例，相信都难不倒你啦！

2.10 如何安装和管理字体

　　在"四步法"中，我们出于简单易行及安全可靠的特性，推荐大家在 PPT 里统一使用系统自带的"微软雅黑"字体。但我相信，待你有了一定基础之后，必然不会满足于只做这种基础款 PPT，而是想要尝试使用更多优秀的字体。那么，如何安装一款新字体呢？

如何安装字体

在学习安装字体之前，我们首先要明确一点，那就是虽然我们是在
PowerPoint 软件里使用各种字体，但其实所有的字体都是安装到 Windows 系
统里的，PowerPoint 只是调用了这些字体资源而已。因此，我们实际需要掌
握的是在 Windows 系统中安装字体的方法。

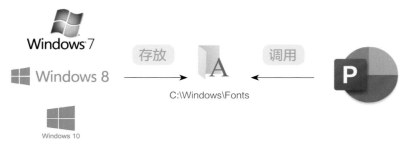

▲ 系统、字体文件夹与软件之间的关系

　　Windows 系统里的字体文件都被安装到 C 盘 Windows 目录下的 Fonts 文
件夹里，我们只需把下载的字体文件复制到这个文件夹，就可以完成安装，
再次进入 Office 软件时就能看到新安装的字体。当然也有更简单的方式，那
就是直接右键单击字体文件，选择"安装"。

▲ 安装单个或多个字体文件

　　如果一次性下载了很多字体，也可以同时选中多个字体，然后还是单击

右键，选择"安装"，实现批量安装（上页右图）。

如何管理字体

随着 PPT 制作水平的提高，你可能需要制作各种风格的 PPT，对于字体种类的需求也会随之提高。如何有效管理字体特别是如何备份和恢复已安装字体以应对系统重装、更换电脑等情形，就是你不得不考虑的事情了。

如果不想被这方面的问题所困扰，可以试试"字体管家"这款软件。

▲ "字体管家"字体备份功能界面

不管是字体备份恢复还是字体管理和预览，以及部分常见字体的下载安装，"字体管家"都有对应的功能，使用起来很方便。

不过，如果你想用它来安装字体，运行程序时记得要右键单击图标，选择"以管理员身份运行"，否则在字体安装时可能会报错。

直接双击运行，安装字体时会报错

▲ "字体管家"需要授权使用管理员身份运行

除了"字体管家"，你还可以试试用户体验更好的字体管理软件"字由"。

和"字体管家"相比，"字由"里收录的字体更优秀，管理和安装也更方便。

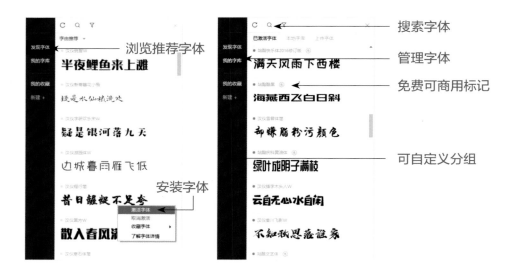

2.11　保存PPT时嵌入字体

学习完上一节，相信你已经明白，字体是 Windows 系统的一部分，而并不存在于 PPT 文档中。如果我们在 PPT 里使用了特殊字体之后，仅仅只是把 PPT 文档复制或发送至其他电脑，而对方电脑里又没有这款字体的话，使用了这些字体的文字是无法正常显示的，它们只能以其他默认字体的样式显示出来。

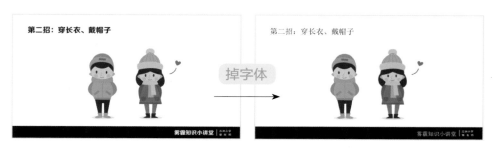

▲ 字体丢失会极大地影响 PPT 的美观度和视觉表现力

辛辛苦苦制作的 PPT，发到领导手中就丑得一塌糊涂，又或是上台投影出来就跟营养不良似的笔画细到看不清……如果你不想这样的事情发生在自己身上，那就得知道如何在保存 PPT 时将字体嵌入一并保存。

⚙ 如何将字体嵌入 PPT 一同保存？

在 1.9 节我们曾经探讨过防止字体丢失的几种方法，其中最常见的一种就是"嵌入字体"。那么这个功能到底是怎么用的呢？来看具体的步骤。

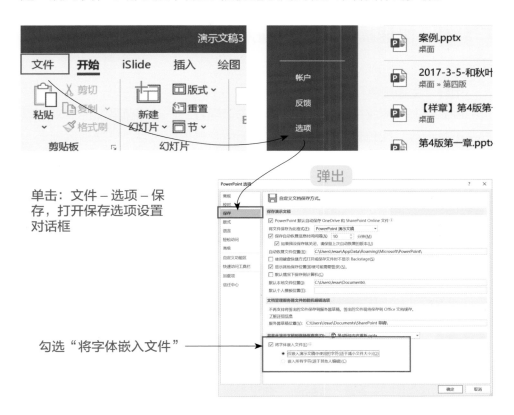

嵌入字体包含两种模式，"仅嵌入演示文稿中使用的字符"只会嵌入当前 PPT 使用过的字形，在没有该字体的电脑上打开修改时，就可能出现问题：

保存时仅嵌入了该字体 "你""好"两个字形　更换电脑修改为其他字，则无法正常显示

　　"嵌入所有字符"虽然可以避免这样的麻烦，但它会嵌入当前 PPT 使用字体的所有字形（每款字体 6000 多个），导致 PPT 体积庞大，不利于网络传输。

　　总的说来，两种模式各有优劣，具体使用哪种模式还需具体情况具体分析。选择好模式，单击确定，再按 Ctrl+S 组合键保存一遍，即可完成字体的嵌入。

2.12　快速搞定PPT的配色

用好"主题颜色"功能

　　PPT 作为一种注重视觉化表达的信息呈现方式，对颜色搭配的需求可以说是不言而喻：配色恰到好处的 PPT，无须看具体的内容，只是远远瞥上一眼，就能让人心生愉悦。

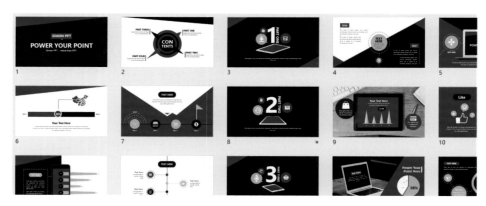

▲ 来源：@Simon_ 阿文 制作的图表模板作品

　　然而，对于大多数没有美术学习经历的普通 PPT 制作者来说，想要完全自主确定一套 PPT 的颜色较为困难。这个时候 PowerPoint 自带的主题配色方案就可以助你一臂之力。

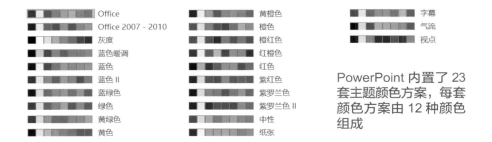

Office
Office 2007 - 2010
灰度
蓝色暖调
蓝色
蓝色 II
蓝绿色
绿色
黄绿色
黄色

黄橙色
橙色
橙红色
红橙色
红色
紫红色
紫罗兰色
紫罗兰色 II
中性
纸张

字幕
气流
视点

PowerPoint 内置了 23 套主题颜色方案，每套颜色方案由 12 种颜色组成

当我们使用主题色方案中的颜色制作 PPT 时，一旦切换到另一个主题色方案，所有使用了主题色的元素都会自动变成新方案中对应的颜色。

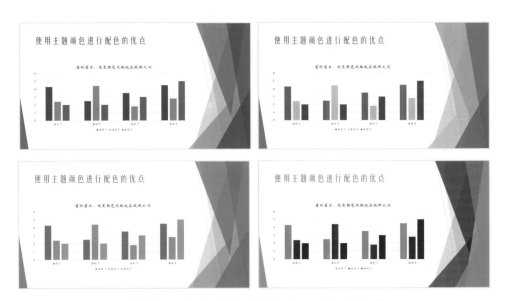

▲ 切换不同的主题颜色以完成对 PPT 的配色调整

即便你是在新做一套 PPT，页面上还是一片空白，暂时看不出来上图中那么明显的变化，但主题颜色的设定会直接影响调色盘中有哪些颜色，也就限定了你之后的用色范围，从源头上保证了配色的质量。

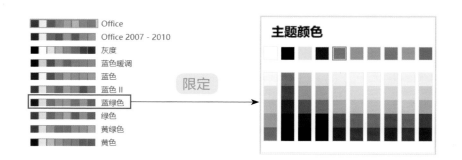

参考优质配色站点

生在互联网时代，真的是懒人的一种福分，因为只需连上网络，我们就能源源不断地挖掘到各种超乎想象的优质资源，根本不用自己从零开始学习，动脑筋去解决问题。

就拿配色来说，普通人为了完成工作 PPT，大可不必去学习什么配色理论。厌烦了 PowerPoint 自带的主题颜色，又担心自己配不好色？那就去下面这个配色方案灵感参考网站看看吧，包你满意！

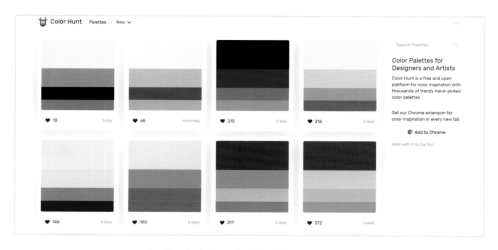

▲ 优秀配色方案灵感参考站点：Color Hunt

Color Hunt 网站上陈列了各种各样的颜色搭配方案，自 2015 年上线至今，每天都有新方案上线（注意看上图中配色卡片右下角的时间戳），数量惊人。

或许你会觉得这些配色方案比不上 PowerPoint 主题色每款有 8 种颜色那么丰富，但对于制作 PPT 而言，通常我们都会把一套 PPT 的颜色控制在 3~4 种，Color Hunt 的配色方案完全够用！

除了可以在首页滚动浏览各式各样的配色以外，我们还可以单击右侧的搜索栏，针对特定的主题色进行搜索。如我们选择红色（Red），就能集中显示各种包含红色的颜色搭配。

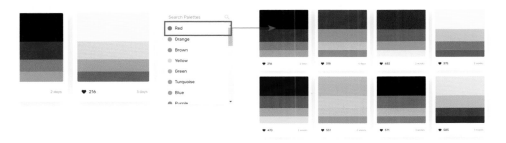

▲ Color Hunt 支持对指定色系颜色搭配的搜索

如果遇上特别喜欢的配色，可以单击配色卡左下角的小心心为其"点赞"，赞过的配色方案会收藏在网站右侧，方便日后再次浏览。

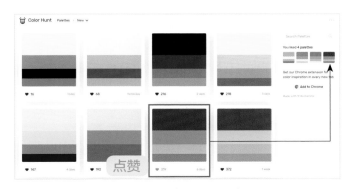

▲ Color Hunt 支持对某种色系颜色相关颜色搭配的搜索

在页面的右上角，单击"三个点"按钮展开下拉菜单，单击菜单中的"Likes"也能进入到自己的"收藏夹"，浏览自己曾经点赞过的颜色搭配。而不管是主页右侧的收藏还是专门的收藏夹页面，当我们单击某一组配色时，都可以进入该配色的详情页面，单击配色方案卡片底部的下载按钮，就能下载配色方案的图片。

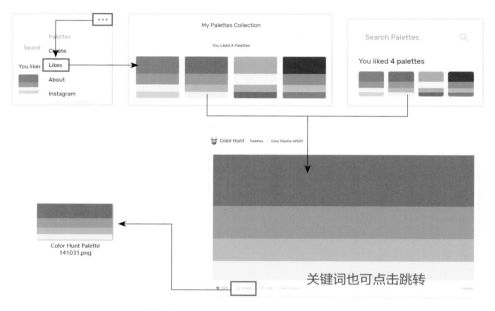

▲ 从赞过的配色方案中下载配色方案图片

　　将鼠标放置在配色方案的某个颜色上，会浮现出该颜色的 16 进制色值，单击文字区域就可以复制色值，粘贴到支持 16 进制色值软件（如 Photoshop）的拾色器中就能完成颜色设置了。

2.13 PPT中特定颜色的获取和设置

看完前一节的内容，相信很多朋友都有一个疑惑：PowerPoint 不支持 16 进制色值，它能不能像 Photoshop 那样精确指定颜色呢？当然可以！本节我们就来学习两种最常见的方法。

扫码看视频

使用取色器做颜色填充

自从 2013 版开始，PowerPoint 增加了取色器功能，利用它我们就能轻而易举地将屏幕上所能见到的任何颜色直接填充至 PPT 里的形状、文字、背景等一切需要调整颜色的地方。

⚙ 利用"取色器"实现屏幕取色填充给形状

首先，在 PowerPoint 页面中插入我们想要获取颜色的图片样本——如在 Color Hunt 上下载的颜色搭配色卡或是其他你想要取色的图片，准备好需要填色的形状对象。

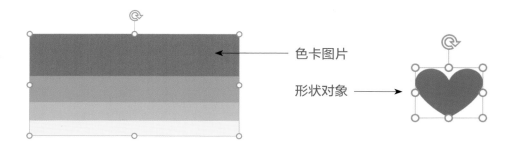

色卡图片

形状对象

选中形状，单击"开始"选项卡中的"形状填充"展开下拉菜单，单击菜单中的"取色器"，此时光标会变成吸管样式。将吸管移动到色卡图片上想要取色的位置单击鼠标左键，形状就会被填充为你想要的颜色啦！

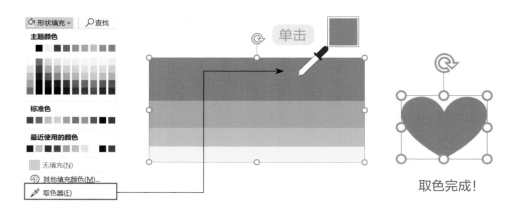

使用 RGB 值做颜色填充

有过口红选购经验的朋友都知道，口红是要分色号的。没有了色号，我们几乎无法拜托他人代购，即便是拍照也会有色差。下面这一排口红，你能用语言描述出来它们的颜色吗？即便描述出来，他人又能够准确理解吗？

▲ 没有了色号，代购口红就成了一个难题

在 PowerPoint 里，我们也可以用"色号"来精确指代某一种特定的颜色，这就是"RGB 色值"（R= 红色；G= 绿色；B= 蓝色）。

大家都知道红绿蓝是"三原色"，不同成分的三原色混合在一起，就能形成各种各样的颜色，总数超过一千六百万，可以说是你想要什么颜色都有。具体怎么设置呢？很简单，只需在填充颜色时选择"其他填充颜色"，然后在弹出的颜色对话框中单击"自定义"标签，就可以看到 RGB 值的设定对话框了。

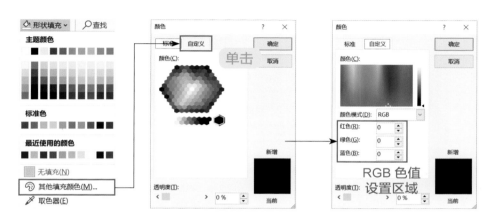

▲ 如何进入以 RGB 色值为依据的颜色设置窗口

在 RGB 色值设置区域内，分红、绿、蓝 3 种颜色分别输入不同的数值（0~255），就能得到不同的颜色。选中已填色对象再打开这个对话框，还能查看到当前颜色的 RGB 值。

之前取色取到的颜色是
RGB: 245,66,145

▲ 利用颜色设置对话框查看当前填充色的 RGB 值

由于每一组 RGB 值都对应一种特定的颜色，因此当我们需要指定某种特定颜色时，使用 RGB 值来进行表述和交流就可以避免歧义的产生。

如在一些公众号发布的 PPT 教程中，对颜色的使用会有较高要求，只有按照要求设定颜色，最终才能做出一模一样的效果来。可大家往往都是在手机上阅读公众号文章，即便教程里给出了案例图示，读者们也没法直接用取色器来取色。这个时候，如果给出该颜色的 RGB 值，读者们就能根据数值在自己的电脑上设置出一模一样的颜色了。

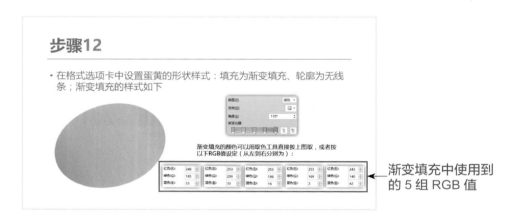

▲ PPT 教程中给出的渐变色光圈 RGB 色值数据

使用 RGB 值表达颜色的缺点

虽说用 RGB 值来表达颜色非常精确，但它毕竟是一种机器语言——虽然 PowerPoint 可以通过它来设置出颜色，但我们人类单看数值的话，是很难想象出其对应的颜色的。因此在很多时候，我们还需要有一种更加便于理解的颜色表达方式。

RGB：121,20,11 ← 这是个什么颜色？
你能想象得出来吗？

▲ RGB 值最大的缺点就是不直观、不便于人类理解

2.14 "讲人话"的HSL颜色模式

前面我们说到 RGB 色值最大的缺点是不够直观。如果代入到生活中的场

景来看，它还有一个缺点就是"不够人性化"。

当你做好一份设计之后，老板反馈意见给你可能会说："我希望这个颜色再偏红一点""要是能再活泼一点就更好了"等。而在另外一些场合，我们又可能需要同时使用一组类似的颜色，如"粉红""桃红""大红""深红"等。

这个时候，我们就需要一种可以从"程度"上对颜色进行描述和控制，"会讲人话"的颜色模式，PowerPoint 中的 HSL 模式恰好能做到这一点。

在设置 RGB 颜色时，在数值窗口上方可以看到一个连续的颜色显示区域，根据这个区域我们就能很好地理解 HSL 模式。

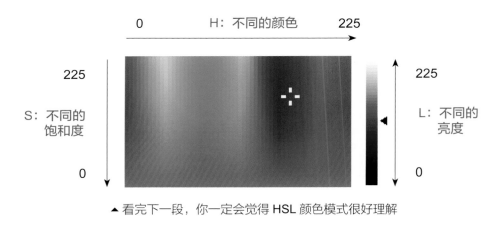

▲ 看完下一段，你一定会觉得 HSL 颜色模式很好理解

HSL 模式中的 H 代表的是色相，从 0 到 225 表示了不同的颜色；S 代表的是饱和度，也就是颜色的鲜艳程度，值越大颜色越鲜艳，值越小越发灰。不管是什么颜色，低饱和度时都是灰蒙蒙的，看不出来区别；L 则代表了亮度，正常情况下颜色的亮度是中间调（128），亮度越大越发白，反之则越发黑。

在 PowerPoint 中，我们可以直接单击这个颜色区域，通过调整光标的位置来确定 H 和 S 的值，上下拖动右侧的小三角来调节 L 的值。这样就可以根据老板相对模糊的要求来修改用色了。

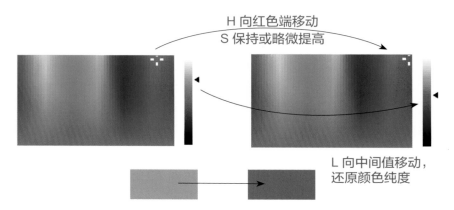

▲ 下次老板要求红色再纯正一些时，你可以这样做

当然，我们也可以像设置 RGB 值那样，通过一组数值来精确控制颜色，只需单击颜色模式下拉菜单，选择 HSL 即可。

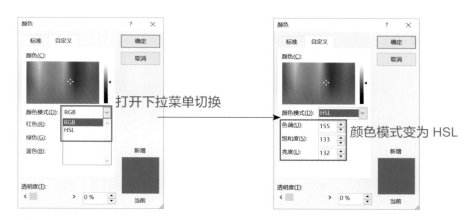

▲ 切换颜色模式为 HSL 模式后也可以通过数值精确控制颜色

✿ 使用 HSL 颜色模式制作立体感横幅

基于 HSL 色系在颜色"程度"描述方面的优势，我们可以借助它非常方便地将一系列近似的颜色搭配起来，形成非常和谐的视觉感受或营造出立体感效果。

HSL: 17,214,143

① 绘制矩形，按图中
HSL 值设定颜色

② 将矩形复制两份，缩短长度后移动到图示位置，置于底层

③ 降低两个小矩形的 L 值至 100，得到上图效果

2019，和秋叶一起学PPT

④ 绘制两个直角三角形，位置如上图所示。先用格式刷将
其填充为和小矩形一样的颜色，再继续降低 L 值至
60。最后输入横幅文字完成制作——是不是看起来很有
立体感呢？

2.15　别再混淆母版和版式

什么是母版？什么是版式？

关于这个问题，我相信很多初学者都是傻傻分不清楚。再加上大家常说的"模板"发音与"母版"相同，新手们就更是容易把各种概念混为一谈。即便是有一定 PPT 制作功底的人，如果对这部分功能研究不深，也往往在认识上存在很多错误。

PowerPoint 中的母版功能体系涉及了 3 个概念，分别是母版、版式和页面。这 3 个概念之间存在着制约和被制约的关系——普通页面的排版受到版式的影响，而版式的排版又受到母版的影响。为了更好地理解这个概念，大家不妨把这 3 者的关系理解为这个样子：

公司章程（母版）- 部门规定（版式）- 个人行为（页面）

在一家公司里，因为有着不同的职位，所以办公室的内部布置也有所不同。部门经理的办公室，或许就只放了一张大大的办公桌和方便会谈的沙发椅，而设计部的工作间，或许就有两套办公桌椅，可以容纳两名员工同时办公。

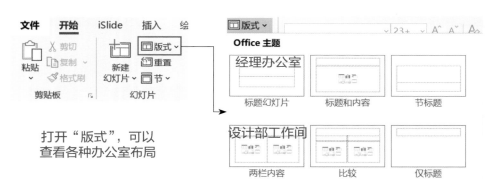

▲ 同一家公司，可能有不同的办公室布局

任何我们在页面上进行的操作，都是属于"个人行为"——你在自己的办公桌上放了一盆绿植，并不会影响其他同事的工位布置。

2 号工作间

设计部 1~4 号工作间总览

▲ "摆放绿植"不会影响其他 3 个工作间，哪怕它们都是设计部工作间

而如果我们在"设计部工作间"这种版式上摆放绿植，那就成了"设计部的部门规定"，所有"设计部工作间"都会统一摆放上绿植了。

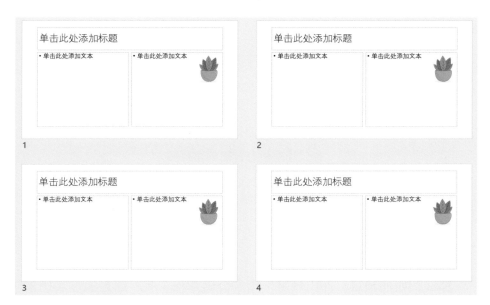

▲ 改变版式，可以间接改变所有使用该版式的页面，效率奇高

但把视野放大到全公司，你会发现并不是所有办公室都摆放了绿植。为什么呢？因为摆放绿植只是设计部的内部规定，对其他部门（版式）没有约束力。

那如果想要全公司各种办公室都摆放绿植该怎么办呢？当然只有在公司章程（母版）上做文章了——将绿植摆放到母版上，这就成了公司章程，不管哪个部门（版式）都要遵守，更别提在哪个工作间上班的个人（页面）了。

那么，如何制定"部门规定"和"公司章程"呢？还是通过实例来学习吧！

⚙ 为特定的相同版式页面添加公司 Logo

在前面的这个"办公室摆放绿植"的例子里，如果我们把"绿植"想象成公司 Logo，那么给设计部都摆上绿植，就成了给特定的版式添加公司 Logo，这样的需求在工作中非常常见。接下来就让我们实际操作一遍，熟悉下整个流程。

扫码看视频

新建 6 页幻灯片，PowerPoint 会默认把除封面以外的页面都设置为同一种版式——标题和内容。

按住 Ctrl 键，在左侧幻灯片缩略图栏中单击 5、6 两页幻灯片，将它们同时选中。单击右键，在弹出的菜单中选择"版式"，将它们的版式更改为"两栏内容"。

你也可以在选中幻灯片之后单击开始选项卡中的"版式"按钮，找到"两栏内容"单击，将 5、6 两页幻灯片变为指定的版式。

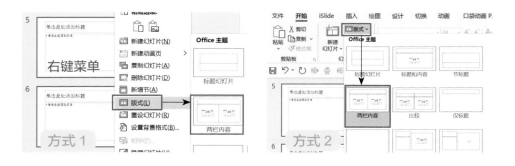

更改完成之后，这 6 页幻灯片的版式如下图所示。

选中第 2 页幻灯片，单击"视图 - 幻灯片母版"进入幻灯片母版编辑模式。

因为我们选中的页面使用的是"标题 + 内容"版式，因此进入母版视图之后，默认选中的也就是"标题 + 内容"版式页。将鼠标指针移动到左侧缩略图上，会浮现出窗口信息，说明使用了当前版式的有哪些幻灯片。正在被使用的版式，是无法被删除的。

在该版式的编辑区右上角插入公司的 Logo 图片，就完成了对"部门规定"的修改。关闭母版视图返回普通页面视图，只有使用了"标题＋内容"版式的 2~4 页被加上了公司 Logo，我们为特定版式页面添加 Logo 的目的就已经实现了。

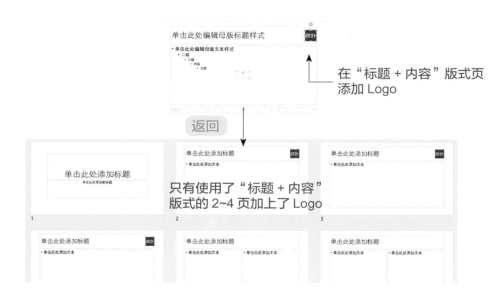

在"标题＋内容"版式页添加 Logo

只有使用了"标题＋内容"版式的 2~4 页加上了 Logo

在实际工作中，诸如 Logo 图片这样的元素，几乎是所有页面都会统一放置的，如果仅仅是某些特定版式的页面才出现，那在播放幻灯片时就会时有时无，效果很不统一。

因此，下面就让我们再来看看"如何让全公司都摆放绿植"。

⚙ 如何让 Logo 在所有的版式页面出现？

想要让 Logo 在所有版式页面出现，就得让它成为"公司章程"。那么制定"公司章程"的地方在哪里呢？

还是进入母版视图，在左侧的版式预览区域向上滚动鼠标滚轮，就可以看到一个大大的版式页。从虚线指代的树状结构来看，它显然是统管下面所有的版式页的，这就是母版页。

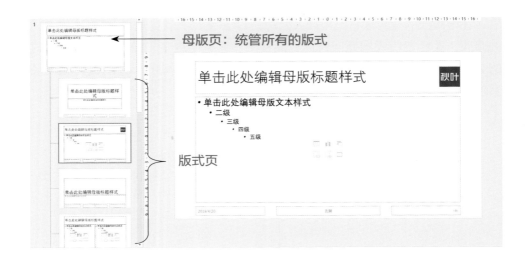

我们只需把刚才放置在"标题 + 内容"版式上的 Logo 图片剪切、粘贴到母版页上来，就可以让所有的版式页都出现公司 Logo 了。再返回普通页面视图，你会发现所有页面的右上角都如期出现了 Logo 图片。

母版中的特例处理

通过母版进行 Logo 的摆放，可谓是省时省力，无论你有多少页 PPT，只要你打算在每一页的同一个位置摆放 Logo，那就可以用母版把任务一次性搞定。

不过，使用这种方法也有一定的局限性。如同生活中有的人会对花粉过敏，公司不能强制要求他的办公室也摆放绿植一样，在 PPT 中也有的页面需要"网开一面"，不放置 Logo。如封面、转场页、致谢页、结束页等页面，它们的排版通常与内容页有所不同，如果也一视同仁地摆上 Logo，反而会影响页面的美观。

封面 Logo 有些破坏图片意境

转场页 Logo 效果一般

正文页 Logo 很合适

封底 Logo 根本看不清

　　PowerPoint 显然也考虑到了这种个性化的需求，在版式页中加入了隐藏母版元素的功能。将 Logo 摆放至母版之后，选中不需要显示 Logo 的版式页，勾选"隐藏背景图形"，就可以取消 Logo 图片在这些版式页的显示，既照顾了整体设置 Logo 的便捷性，又照顾了个别页面的特殊需求，可谓是两全其美。

母版页 Logo 在此版式页不再显示

通过本节的学习，相信你已经掌握 PowerPoint 中母版和版式的功能及用法了。不过就目前我们学到的这些知识，还不能解决下面这个问题——假设同样是设计部（同一种版式），却要求男女员工摆放不同的绿植，又该怎么办？

为什么会出现这样的情况呢？因为绿植不一定是 Logo，还有可能是章节标识。第 1 章和第 2 章的版式相同，但章节号显然会有所区别。怎么办呢？别急，下一节告诉你！

2.16 版式的复制、修改与指定

在上一节末尾，我们聊到了一个非常现实的问题，那就是在使用母版版式来规定页面布局时，可能会需要对同样的版式进行分类。版式相同，却需要分配不同的"Logo"，如章节号或章节标题、要点。

▲ 版式相同，"Logo"内容不同，又该如何处理呢？

事实上，我们可以通过对版式进行复制和修改来解决这个问题。下面就一起来实际操作看看吧！

⚙ 不同章节同类版式的复制、修改与指定

以制作上面这两页类似的版式为例，首先还是单击"视图 - 幻灯片母版"，进入母版视图。选中版式中的"空白"版式，我们要利用它来进行改造。

选中版式列表中的空白版式

在空白版式上制作出章节样式，输入第一部分的标题，并根据标题插入合适的图标

右键单击空白版式缩略图，在弹出的菜单中选择"复制版式"，将此版式复制一份

在复制出来的版式上修改章节样式，将标题改为第二部分的标题，并更换图标

第一部分版式

第二部分版式

通过上面的操作，我们就完成了在不同章节使用的两种版式。不过，当我们返回普通视图时，却似乎什么都没有发生，呈现在我们面前的仍然是默认使用了"标题幻灯片"版式和"标题+内容"版式的页面，这又是怎么回事呢？

这是因为刚才我们拿来改造的版式是"空白"版式，这个版式在默认状态下根本不会被使用。想要把它用起来也很简单，手动指定一下就好啦。

单击"版式"按钮，在下拉菜单中选择我们刚才制作的第一个空白版式

当前幻灯片变为了"第一部分"的版式。回车还能继续生成同样版式的页面

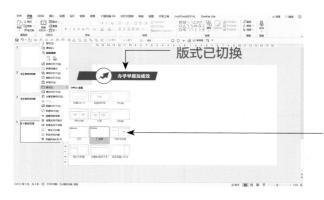

需要切换成"第二部分"版式时，使用同样的方法把幻灯片指定为之前复制并修改的版式

版式的跨幻灯片复制

在本节的最后，让我们再来看一个版式复制中的特殊情况——跨幻灯片的版式复制。很多朋友都有这样的经历：看到别人的 PPT 里有某一页特别好看，想要复制到自己的 PPT 里来，结果复制粘贴之后，不是背景图案不对，就是颜色无法保持一致，甚至变成了"白纸一张"。

出现这样的问题，是因为直接复制粘贴只能粘贴页面内容，版式还是默认使用当前幻灯片的版式。PowerPoint 有这样的设定也是考虑到维持 PPT 前后页面风格的连贯性——但如果你确实想要原封不动地"搬运"别人 PPT 里的页面，在粘贴时单击右键，选择粘贴选项中的"粘贴时保留源格式"就可以啦！这样不但可以保证效果一致，连对方 PPT 里的整个版式库也全都能复制过来。

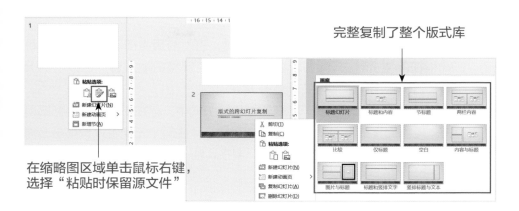

完整复制了整个版式库

在缩略图区域单击鼠标右键，选择"粘贴时保留源文件"

2.17 版式中的占位符

什么是占位符？

在新建的 PPT 页面中，我们可以看到带有提示语"单击此处添加标题""单击此处添加文本"的框体，用鼠标定位到框内时，这些文字又全都消失不见了。这种使用框体限定文本在页面上的位置和格式，但又不具备真实文字，方便后续添加文本内容的功能就叫作"占位符"。占位符同样是通过母版版式功能实现的。

▲ 页面上的占位符来源于母版版式中的占位符设置

使用占位符有两种方式。第一是沿用版式上已有的占位符，在必要时进行修改；第二是根据需要新建不同类型的占位符。下面我们分别来看一下。

沿用和修改已有占位符

当你的 PPT 结构与现有版式相差不大时，可以沿用当前版式上的占位符设置，并根据需要进行必要的调整修改。通常会调整的地方有：占位符的大小和位置、占位符的字体字号及颜色等。

如 PPT 的封面，在默认的"标题幻灯片"版式中，存在主标题和副标题两个占位符。无论你打算把 PPT 封面做成什么样子，这两个元素可以说都是必需的。因此我们可以通过修改占位符的方式，调整其显示效果，使之符合设计需求。

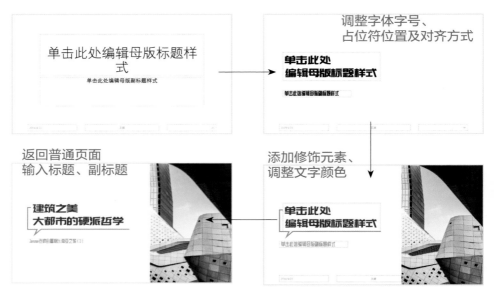

▲ 大部分的设计在母版版式中完成，页面操作仅需要码字即可

按需新建占位符

对于内页 PPT 而言，根据 PPT 的类型、内容、风格的不同，版面的设计可能会有巨大的差异。因此，很多高手在进行 PPT 制作时都不太习惯用占位符功能，而是更偏向于使用空白版式，根据实际需求直接在页面上进行排版。

但对于内容相对统一的日常或工作用 PPT 而言，显然更注重版面的干净整洁而非设计感和多变性，同一套 PPT 内页的版式不会有太大区别。这种情况下，只要确定了内页排版方案，我们就可以利用占位符制作出相对统一的版式，不但能提高 PPT 的规范度，更能让日后同类 PPT 的制作任务变得轻松容易。

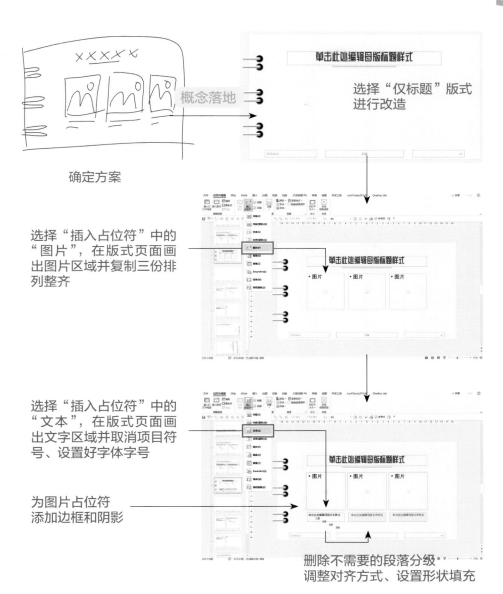

确定方案

选择"插入占位符"中的
"图片",在版式页面画
出图片区域并复制三份排
列整齐

选择"插入占位符"中的
"文本",在版式页面画
出文字区域并取消项目符
号、设置好字体字号

为图片占位符
添加边框和阴影

删除不需要的段落分级
调整对齐方式、设置形状填充

　　经过上面这一系列的操作,我们已经完成了一套可反复使用的相册风格
图片展示页的版式设计,剩下的工作就可以退出母版视图,返回页面视图进
行了。

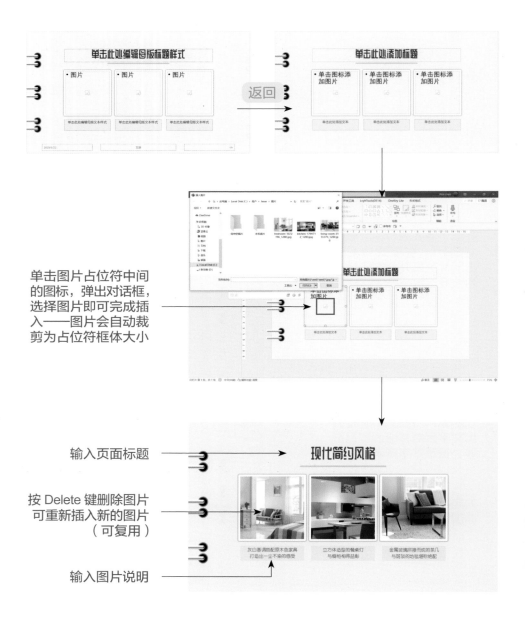

单击图片占位符中间
的图标，弹出对话框，
选择图片即可完成插
入——图片会自动裁
剪为占位符框体大小

输入页面标题

按 Delete 键删除图片
可重新插入新的图片
（可复用）

输入图片说明

2.18 如何设置PPT的页脚与页码

在 PPT 中，页脚和页码虽然比不上在 Word 中那么重要，但在制作一些观众自行翻阅浏览的幻灯片时，还是有必要进行设置的。利用母版中的页脚占位符，我们可以一次性轻松搞定所有幻灯片页面的页脚和页码设置。

日期和时间　　　　　　　　　　页脚　　　　　　　　　幻灯片编号

▲ 母版中的页脚与页码设置区域

一般来说，PPT 中很少每一页都需要显示日期时间，因此我们只要设置好页脚和幻灯片编号即可。

页脚的设置和文本占位符类似，我们要做的就是构思好它的位置、字体、字号，在母版上做好格式设计。设置幻灯片编号大体方法也是如此，唯一需要注意的是用于替代页码的 <#> 号是一个整体，不是单书名号加井号，我们不能对它进行除格式以外的修改或干脆删除后手动输入，只有母版里源生的 <#> 号才能在普通视图下生成可以随幻灯片翻页自动切换的页码。

另外，页脚和幻灯片编号是贯穿全局的元素，可以直接在母版页进行设计，而非在版式页进行设计——除非你想要分版式做出不同的页脚页码样式。

▲ 仅在母版中设置页脚和页码的格式，不修改具体内容

在母版中设置完页脚和页码之后，选中标题版式，勾选"隐藏背景图形"，关闭母版视图。单击插入选项卡中的"页眉和页脚"，在弹出的对话框中勾选幻灯片编号、页脚，输入页脚文字内容，单击"应用"或"全部应用"即可。

![2.19] **文本段落的设置**

PowerPoint 中的段落设置与在 Word 里有很多相似之处，总体来说比 Word

更加简单方便。只需选中文字段落,在开始选项卡单击段落功能区右下角的对话框启动器按钮,即可弹出段落设置对话框。对齐、行距、缩进,几乎所有的段落设置都可以在这里完成。

单击"段落"功能区对话框启动器,弹出段落设置对话框

▲ 功能相对简约和集中的段落设置对话框

下面我们简单说一下这些设置的作用。

对齐方式

段落的对齐方式分为左对齐、居中对齐、右对齐、两端对齐、分散对齐 5 种,一般我们会直接在段落功能区单击按钮实现对应的功能,很少在这个对话框中设置。

5 种对齐方式的效果大致示意如下。

缩进

　　缩进功能决定了文本段落左侧是否在文本框内边距的基础上再额外向右缩进一定距离，填入数值之后选中文本框，能看到段落样式的显著变化。

　　除了整整齐齐的向右缩进，我们还可以通过右侧的"特殊格式"设置出两种特殊的缩进方式。第一种"首行缩进"，大家都很熟悉，可以说是中文写作的基本规范了。不过 PowerPoint 中的首行缩进与 Word 又有所不同，它不能以字符为单位直接设置缩进 2 字符，只能设置缩进厘米数。**可字号不同，两个字符所占的长度也就不同**，到底需要缩进多少厘米才是"空两格"，除非使用的是默认字号大小，否则很难一次性把握准确。

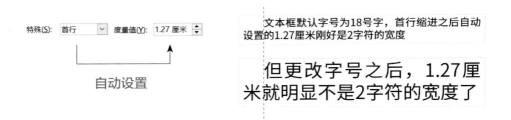

　　另一种特殊缩进方式为"悬挂缩进"，它的作用和首行缩进刚好相反，是将首行文字向左伸出，使得其他行的起始位置比首行靠右 1.27 厘米（默认情况下）。

　　不过，由于有文本框的限制，文字并不能真的突破文本框边界"向左伸出"，因此如果单单只设置一个悬挂缩进，你看不到任何效果。在这个案例中，只有搭配上缩进将文字整体向右偏移 1.27 厘米，才能让悬挂缩进显示出来。

单独悬挂没有效果

悬挂缩进是将首行文字向左伸出，使得其他行的起始位置比首行靠右1.27厘米

理论上的效果

悬挂缩进是将首行文字向左伸出，使得其他行的起始位置比首行靠右1.27厘米

搭配上缩进，效果出现

悬挂缩进是将首行文字向左伸出，使得其他行的起始位置比首行靠右1.27厘米

使用标尺调整缩进

除了在段落设置中通过选择缩进方式、填写缩进距离进行首行缩进和悬挂缩进，我们还有另外一种更加直观的缩进调整方式，那就是使用标尺。

前面我们说到当字号不同时，想要缩进 2 字符，很难精确地预判缩进距离，通常只能凭感觉填写，确定之后看实际效果再打开段落设置对话框进行调整，这个过程往往要重复多次，非常烦琐。

但使用标尺就不同了。只要在"视图"选项卡中勾选"标尺"选项，我们就可以"所见即所得"地调整缩进值了——将光标定位到文字段落内，拖动顶部的游标即可调整首行缩进；拖动下方的游标即可调整悬挂缩进；如果拖动下方游标底端的小方块，则可联动上方游标，调整段落整体缩进。

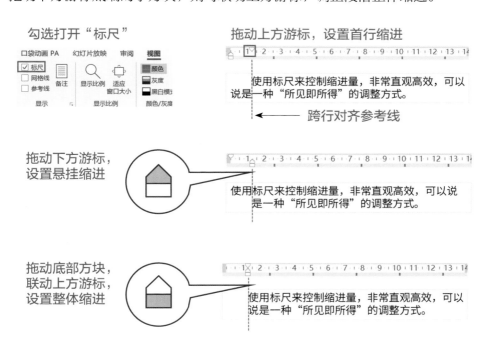

　　需要特别提醒的是，在拖动游标的过程中，游标会以刻度尺上的最小刻度单位 0.25 厘米做弹跳式步进，这会导致个别情况下无法精确地进行跨行对齐，如果你想要进行更微小的缩进调节，记得在拖动游标时按住 **Ctrl** 键。

正常情况下拖动游标　　　　　　　　按住 Ctrl 键拖动游标

间距

　　在段落设置对话框中，我们还能设置段落文字的间距。间距的设置分为两类，一类是设置段落间距，指的是一段文字与上一段（段前）或下一段（段后）之间的距离——将文字选中后能看得更清晰。

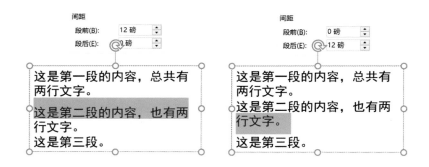

　　间距只能让段落与段落之间留出空隙，如果想让同一段文字内部每行都保持一定间距，那就要用到行距了。行距可以按固定值设置，也可以按倍数设置，其中单倍、1.5 倍、双倍行距都可以直接在行距类型中选择。

　　为段落设置一定的行距可以让阅读体验更轻松，推荐大家选择"多倍行距"模式，然后设置为 1.3 倍至 1.5 倍的一个值。

行距是指段落中两行文字之间的间距，通常设置在1.3至1.5倍之间（1.5倍可直选）。　　　　行距是指段落中两行文字之间的间距，通常设置在1.3至1.5倍之间（1.5倍可直选）。

单倍行距文字会显得比较拥挤　　　　多倍行距文字透气性会比较好

2.20 默认样式的指定与取消

在前面的内容中，我们学过的不管是主题、版式还是母版的相关知识，其实都在传递一个相同的概念，那就是"一次设置，全局受用"。

在 PowerPoint 中，类似这样可以一次性进行统一设置的还有线条、形状、文本框的默认样式，下面我们就来依次了解一下。

默认线条

在页面中绘制一根线条，调整它的外观属性——如增加磅值、设置颜色、设置虚线类型等，然后对其单击右键，在菜单中选择"设置为默认线条"。

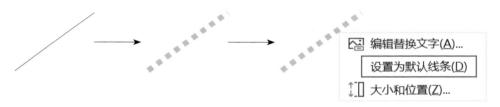

▲ 绘制线条、改变样式、指定为默认

经过这样的操作之后，我们再任意绘制不管是直线、箭头线、折线，它们的线型都会是这样黄色的虚线造型。

▲ 新绘制的线条会自动套用被指定为默认线条的外观属性

不过需要注意的是，形状中线条分类的后 3 种线条，因为闭合后可以形成形状，比较特殊，故不受默认线条样式的影响。另外，在设置默认线条操作之前就已经绘制好了的线条也不会因此而发生变化。

不会受到影响的 3 种"线条"

默认形状

默认形状的设置方法及效果与默认线条类似，唯一值得注意的是如果指定为默认的形状对象内部写有文字，那么文字的格式也会被同时指定为默认属性的一部分。

在默认线条中无法被线条样式影响的曲线、任意多边形、自由曲线，都可以被默认形状设置所影响——因为它们闭合之后都可以形成形状。

▲ 线条分类中后 3 种线条，当绘制的终点回到起点与之重合时会闭合为形状

默认文本框

默认文本框的设置方法也和前两者相同，受到默认属性影响的有字体、字号、颜色、文本框背景色、三维格式、三维旋转选项等。

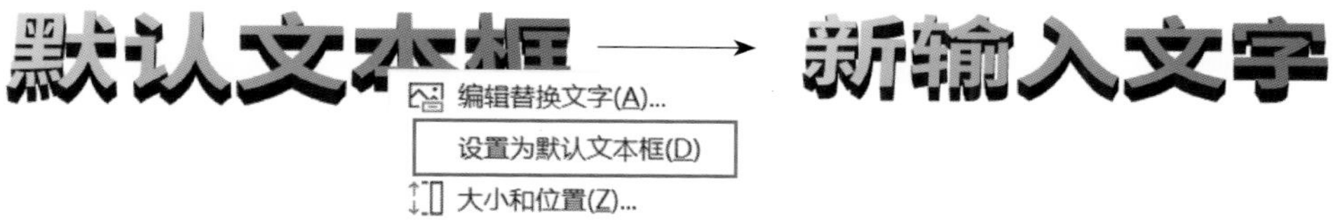

默认文本框 ——→ 新输入文字

🔲 编辑替换文字(A)...

设置为默认文本框(D)

↕ 大小和位置(Z)...

▲ 设置默认文本框后，可以直接输入自带三维效果的文字

　　使用默认样式对线条、形状、文本框进行指定，能够在我们需要连续插入同类元素时帮助我们节约更多的时间。

　　与使用格式刷相比，使用默认样式无须像使用格式刷那样在不同的元素之间单击鼠标复制、粘贴格式，这是它的优点；但同类元素只能指定一种唯一的默认效果，且无法对之前已经完成绘制或输入的元素生效，不如格式刷灵活多变，这又是它难以回避的弱点。

取消默认样式

　　当我们在 PowerPoint 中使用过默认样式功能之后，如何才能取消指定的默认样式，恢复到原始默认样式呢？很遗憾的是，软件并没有能提供能直接实现此需求的"开关按钮"，我们只能采取以下两种"曲线救国"的方式：

　　（1）在设置默认效果之前，预先用原始默认样式绘制形状或文本框备用，需要恢复时再将它设置为默认样式；

　　（2）新建 PPT 文档，绘制形状或文本框，复制粘贴至当前文档，将其设置为默认样式。

2.21　从零开始打造一份企业PPT模板

　　在很多大型的企业，员工制作 PPT 时都会被要求使用企业规定的 PPT 模板。规范化 PPT 模板的使用能体现出公司的专业和严谨，同时也从一定程度上照顾了对 PPT 制作不够熟悉的员工，使他们能把精力都放到准备 PPT 内容上去，而在视觉效果方面无须考虑太多。

　　那么，这样一份企业 PPT 模板是如何从零开始打造出来的呢？现在就请你和我们一起来尝试一下吧！

扫码看视频

⚙ 公司、团队标准化 PPT 模板的制作

设置版面

新建 PPT 文档，根据需要选择设置 PPT 的幻灯片大小。对于一些会议室设备相对先进，使用液晶屏进行演示的企业，可以选择 16：9 的版面比例；如果企业还主要使用传统的"投影仪 + 幕布"方案，则可以选择制作 4：3 的模板。

选择符合播放环境比例的规格来制作 PPT，可以最大效率地利用屏幕或幕布面积。本例中我们以 4 ：3 为例进行版面设置。

在"设计"选项卡右侧
改变幻灯片的比例

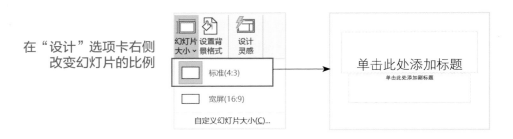

设置主题颜色

假设我们要制作"秋叶 PPT"团队的 PPT 培训模板，从秋叶 PPT 官网上"偷取"配色方案是一个很不错的选择。登录秋叶 PPT 官网，观察网站框架部分的配色，主要由红、深灰两种颜色构成。使用截图工具分别截取两种颜色的部分画面粘贴进 PPT，绘制矩形，使用"取色器"工具为矩形填充颜色，并记录下它们的 RGB 值。

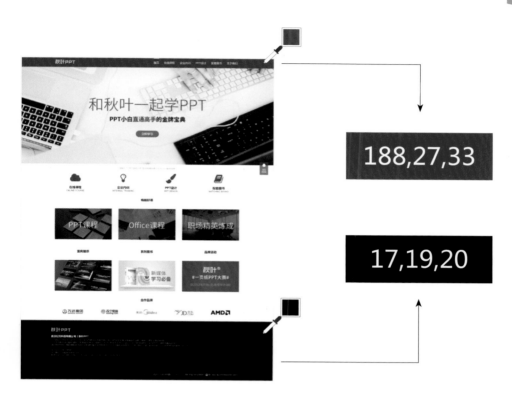

在"设计"选项卡打开主题颜色列表，选择一套与主色调红色匹配的主题色（如"红橙色"），然后再单击自定义主题色，在弹出的对话框中单击"深色 2"和"着色 1"两种颜色，弹出自定义颜色对话框，分别填写前面记录的两种颜色的 RGB 值替换原主题色。

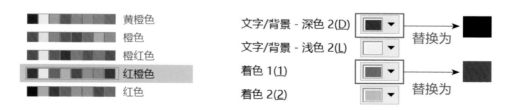

完成替换之后可以命名保存当前主题配色方案，如下图所示。

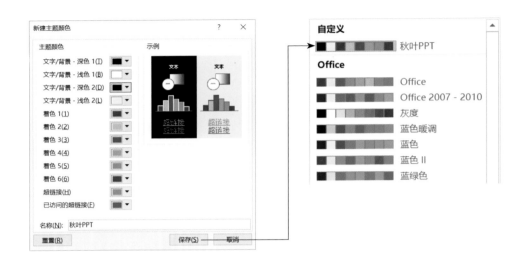

设置主题字体

既然是用于培训的 PPT，文字应该干练简洁、能高效传达 PPT 的内容。因此我们可以选择使用"思源黑体"系列，标题字体可设置为加粗的 Bold 体，正文可设置为 Normal 体，英文标题字体则可设置为 Heavy 体。

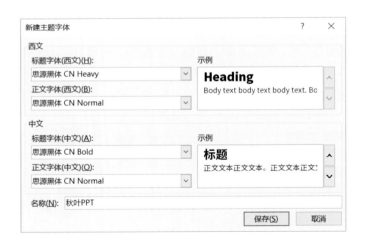

其他素材

作为"秋叶 PPT"的培训模板，一些与"秋叶 PPT"相关的图片素材，如秋叶老师的卡通造型、头像、秋叶 PPT 的 Logo 等，也应该收集备用：

封面版式设计

封面设计一般有两种选择，一种是以图片为主的图文式，一种是以文字为主形状为辅的简约式。考虑到打造品牌风格的需要，我们选择以简单形状结合秋叶老师卡通形象来设计封面。封面版式以默认版式为基础进行调整，在右上角添加反白处理的课程 Logo。

Logo 反白处理

使用图片和圆形
构建视觉中心

调整标题、副标题
占位符字号和颜色

底部绘制椭圆，
仅上半部分进入页面

目录版式设计

PPT 中的目录主要用于简要概括本次演示汇报包含哪些方面的内容。对于听众而言，有一个清晰的目录能有助于他们从大局上把握演讲者的逻辑思路，更透彻地理解演讲者的观点。另外，目录页稍作调整就可以变为转场页，通过颜色强调、字号变化等方式告诉听众目前讲到第几部分了，还有多少内容结束，间接地扮演了计时器的角色。

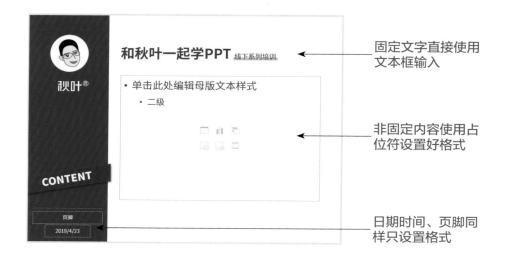

由于此模板用于系列培训课程，每堂课的内容各不一样，知识点数量也不尽相同，因此不必像一些模板那样，直接分出"一、二、三、四"几个大点，用多个文本占位符来完成。只需整体使用一个内容占位符，设置好文字的段落格式即可。

内页版式设计

一份 PPT 模板需要哪些内页版式，和具体的汇报内容分不开。我们大可不必像一些网络售卖模板那样，大费周章地做几十页图文表格、图示图表页，只需根据自身情况，设计出几种最常用的内页版式即可。例如，这里我们设计的是一套 PPT 培训的模板，而 PPT 培训中实际操作的演示会远比课件展示更多，即便涉及一些案例解析，也很可能使用全屏直接播放案例 PPT，而非镶嵌在课件 PPT 里讲解。如果非要说哪种形式的内页版式使用较多，恐怕也就是图片展示类能排得上号。因此，我们可以设计一个图片展示页的版式。

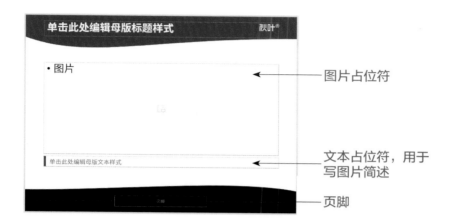

封底版式设计

封底的设计相对比较简单，可以对封面页进行一些变化，调整元素大小位置来制作，以便形成首尾呼应的效果。

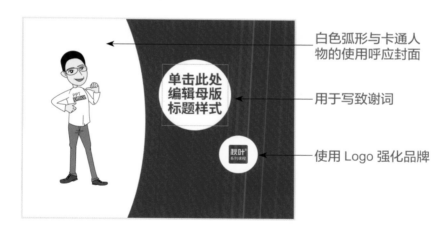

模板应用效果

上述页面仅是以 PPT 培训为假想目的设计的一套 PPT 模板。根据设计目的的不同，如工作汇报、论文答辩、项目申报等，其内在页面结构和形式都有可能会有所不同。对于商业用途的模板来说，很有可能还需要制作一系列的图表版式，对于课件类模板来说，往往还需要制作多媒体播放页版式。

　　制作完一套模板之后，如果想要便于下次使用，推荐大家将其保存为 PPT 模板格式——POTX。以这种模式保存过一次之后，再次打开修改，无法直接保存覆盖原文件，只能另存为新的文件，这就保证了 PPT 模板本身的"纯洁性"，避免了无意间对模板文件的修改和污染。

　　好啦，本章的最后，来看看刚才我们一起制作这套模板的实际运用效果吧！

3

快速导入
多种类材料

- 如何让 Office 三件套融会贯通？
- 表格、音视频如何快速插入？

这一章，给你答案！

3.1　PPT文档的建立和打开

　　在学习在 PPT 里导入其他类型的文件之前，让我们先来看看如何新建和打开一个 PPT 文档。

　　以最新版的 Office 365 为例，双击打开 PowerPoint 之后，我们会进入一个开始引导界面，这个界面包含 3 个板块："开始""新建"和"打开"，包含的主要功能如下。

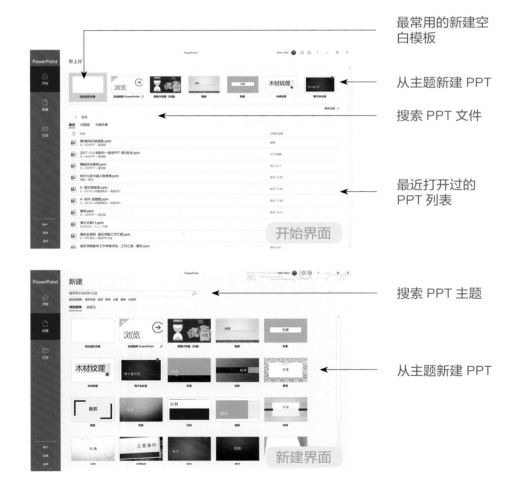

最常用的新建空白模板

从主题新建 PPT

搜索 PPT 文件

最近打开过的 PPT 列表

搜索 PPT 主题

从主题新建 PPT

搜索 PPT 文件

切换到 OneDrive

最近打开过的 PPT 列表

恢复未保存的演示文稿

打开界面

　　特别值得一提的是"打开界面"的"恢复未保存的演示文稿"功能，单击这个按钮可以看到那些因为意外关机、程序无响应而没来得及保存的文件，有时还能恢复那些你因为一时头晕，在 PowerPoint 询问"是否保存"时点了"否"的文件，提供给你再次进入文件、重新保存的机会。

　　当然，并不是所有情况下都能使用这个功能完美恢复未保存文件，所以还是强烈建议大家在"选项 - 保存"里，设置好文档自动保存的时间间隔。**对 PowerPoint 来说，一般自动保存时间设置在 5 分钟左右为宜。**

　　除了使用这些程序内的功能打开 PPT 文档以外，如果将 PowerPoint 添加到任务栏快捷方式，你还可以右键单击图标，查看最近打开的 PPT 列表。如果你也和 Jesse 老师一样，有一个耗时较长的 PPT 项目，在一段时间内总需要反复打开、继续编辑，那你一定会爱上这个便捷功能的——顺带说一句，Windows 任务栏里各个程序的快捷方式都能这么玩哦！

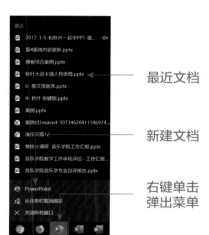

最近文档

新建文档

右键单击弹出菜单

3.2　如何把Word材料转为PPT

有很多新手都曾问过我同样一个问题：老师，我实在做不好 PPT，有没有办法可以把 Word 文档自动转换为 PPT 呢？

其实 Office 已经自带了这样的功能，这就是"从大纲创建 PPT"。

为什么要叫从大纲创建 PPT，而不叫从 Word 创建 PPT 呢？因为并非所有的 Word 文档都能转为 PPT，而是只有指定了模式，具备了大纲结构的 Word 文档才能实现转换。因此，**在 Word 里面设置好"样式"（大纲级别会同步完成设定）就显得尤为重要了。**

▲ Word 中的大纲视图和"样式"功能

如果你已经具备一份设置好了样式的 Word 文档，就可以在 PowerPoint 中展开"开始"选项卡"新建幻灯片"命令的下拉菜单，选择"幻灯片（从大纲）"，然后在弹出的对话框中选择该 Word 文档进行 PPT 的转化了。

▲ 从大纲新建幻灯片就是我们转换 Word 为 PPT 的方法

使用这一功能后，PowerPoint 会将 Word 中使用了"标题 1"样式的文字转换为 PPT 的页面标题，使用了"标题 2"样式的文字则转换为 PPT 中的一级内容，"标题 3"样式文字转换为 PPT 的二级内容……以此类推。对于 Word 中设置为"正文"样式的内容则不予转化。

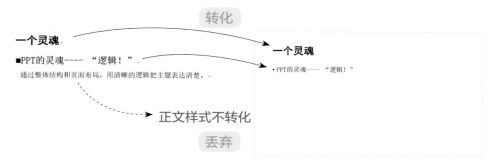

▲ Word 标题及正文样式与 PPT 大纲级别的转化对应关系

　　除了在 PowerPoint 中实现从 Word 到 PPT 的转化，我们在 Word 里也能完成同样的工作，只需使用"发送到 Microsoft PowerPoint"功能就可以实现。不过这一功能并不存在于 Word 默认的功能区中，我们需要先在快速访问工具栏中进行添加后才能使用。

　　具体的方式是单击快速访问工具栏右侧的"自定义快速访问工具栏"按钮，选择"其他命令"，在弹出的对话框中将命令的选择范围设置为"不在功能区中的命令"，然后找到"发送到 Microsoft PowerPoint"，完成添加。

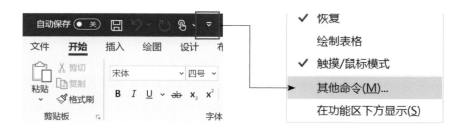

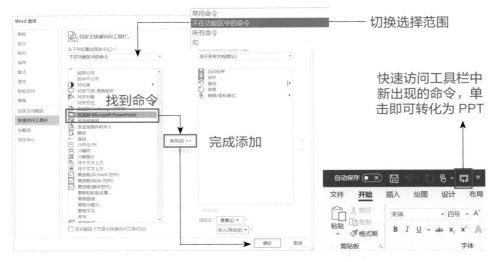

▲ 在 Word 中完成文字稿向 PPT 的转化

从大纲创建 PPT 的局限性

从大纲创建 PPT 虽说简便快捷，却并非一个十全十美的方法。首先，实现这个转换的前提条件，就是在 Word 里分好大纲级别——这一点我们在本节开头已经强调过了。

可实际情况却是，几乎所有寄希望于"一键转换"就可以搞定一套 PPT 的朋友们，Word 水平也是不怎么样的，他们准备用来转化成 PPT 的 Word 文档别说设置样式了，可能连更基本的缩进和行段距都不敢保证设置得正确统一，根本无法直接进行转换。

其次，就算是那些已经做好了样式设置的规范化 Word 文档，在功能上已经可以实现向 PPT 的转化了，但落实到实际运用上，却显得非常鸡肋，因为当 **Word 和 PowerPoint 在陈述同样的内容时，它们的"叙事手法"存在着巨大的差异，并不适合直接转化。**什么意思呢？举个例子你就明白了。

▲ 从 Word 大纲成功创建的 PPT 是这个样子的

　　上图是一份从 Word 成功转化出来的 PPT 中的一页。虽然在内容上完美还原了 Word 文稿中的内容，但我们都知道：**PPT 是要"用图说话"的**。本页讲述 PPT 设计的"三不法则"，最好的表现形式就是每一条法则用两个案例来对比。但这么多内容根本无法放入同一页 PPT，最佳排版应该是拆为 3 页，每页 2 张图，对比体现 1 种法则。可对转化来的 PPT 做这么大的改动，**又和一开始就在 PPT 里做有多大区别呢？难道说辛辛苦苦转化一遭，就是为了少打几个字吗？**

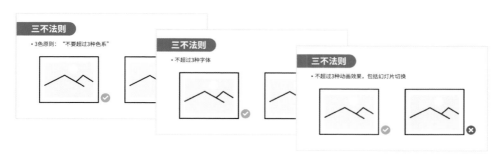

▲ 需要展示 6 张 PPT 案例截图，最好拆为 3 页，每页 2 张

3.3　基于大纲视图的批量调整

上一节我们和大家聊了 Word 和 PPT 的转化，谈到由 Word 大纲转化而成的 PPT，想要变成最终可以交付的效果，还有很多需要修改和调整的地方，并不像有的朋友想象的那样可以"一键搞定"。但 Word 里样式设置的规范化使得转化出来的 PPT 具有层级分明的大纲级别，这就为我们对 PPT 进行批量调整提供了可操作性。下面我们就来看一个使用大纲视图进行批量调整的案例。

✿ 使用大纲视图对 PPT 进行批量调整

跨页批量设置字体

在普通视图下，页面与页面是相互分离的，除了一次性将整套 PPT 的字体统一成一种以外，我们很难跨页面选中页面中的部分文字设置字体。而在大纲视图下，页面内容是连续的，我们可以轻松拖选不同页的文字进行字体设置。

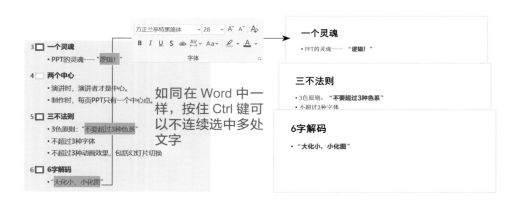

跨页调整段落或页面顺序

在大纲视图下，我们可以在选中某段文字，将其拖动到其他位置甚至其他页面（拖动时留意光标位置），普通视图中的文字不但会随之移动变化，而且不论是位置、大小，全都自动匹配目标文本框格式，无须再手动调整。

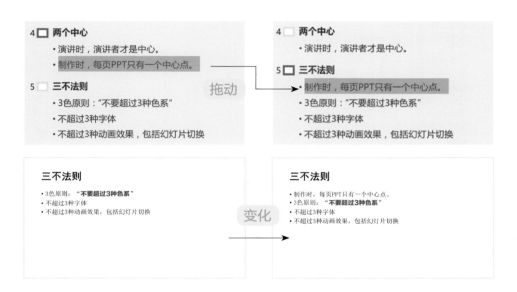

如果想要改变幻灯片的页面顺序，拖动大纲标题前小方块的位置即可。

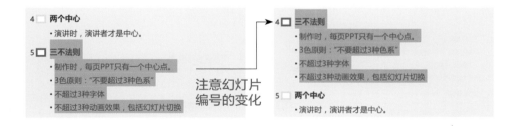

拆分幻灯片页面

还记得之前我们说到"从大纲创建 PPT 的局限性" 时提到过的例子吗？在那个例子里，我们想要把同一页的 3 大点变成一页一点分开阐述的形式。这样的操作在大纲视图下也是可以完成的，不过要稍微花一点功夫。

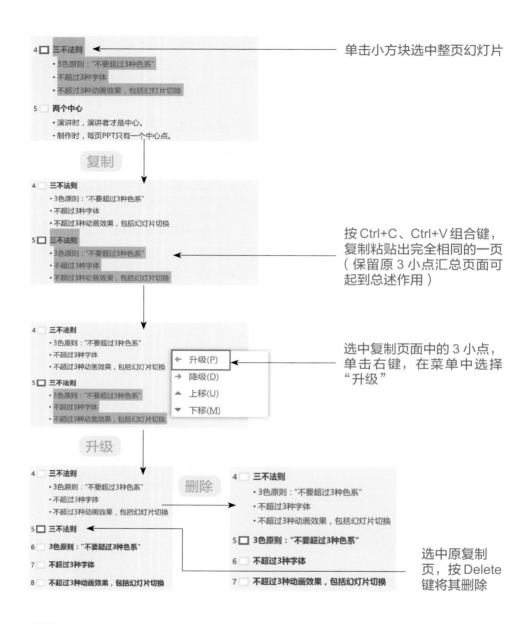

3.4 文字的复制与选择性粘贴

看完了前两节的内容，相信你也能体会到所谓的"一键转换"及后续的修改调整有多么不容易了。是不是觉得与其花那么多时间去调整，还不如老老实实手动复制粘贴 Word 材料中需要的文字内容到 PPT 里更灵活呢？

那你知道从 **Word 文档中复制文字内容到 PPT，可以选择 4 种不同的"选择性粘贴"方式来完成吗？**

"选择性粘贴"是我们在上一章讲到"版式的跨幻灯片复制"时提到过的一个概念，版式的选择性粘贴只有两个选项，而文字的选择性粘贴一共有 4 种选项，选择不同的选项进行粘贴，完成粘贴后文字的效果也各不相同。

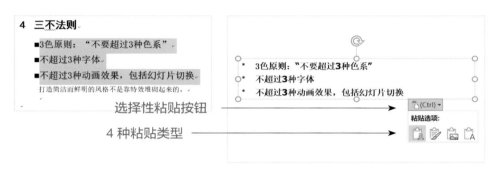

▲ 从 Word 复制文字内容，粘贴到 PPT 页面后会出现选择性粘贴按钮

上图展示的是在空白页面进行粘贴的效果。将光标定位到页面上的占位符内部进行粘贴，同样也会有选择性粘贴按钮出现。

你也可以在复制完 Word 中的文字内容后，切换到 PowerPoint 页面单击右键，在菜单中找到选择性粘贴的按钮；又或是在开始选项卡展开粘贴按钮的下拉菜单进行选择性粘贴。不过一旦对粘贴元素进行了诸如位置移动、大小调整等操作，浮动按钮就会消失不见了。

▲ 找到选择性粘贴按钮的另外两种方式

那么，这 4 种粘贴方式究竟有哪些不同呢？下面我们通过一个实例给大家展示一下。

✿ 对文字进行不同方式的选择性粘贴

这里我们选择一段 Word 文稿复制后切换到 PowerPoint，使用不同的选择性粘贴方式进行粘贴，观察其效果的异同。但前面说过，Word 和 PPT 的"叙事手法"不同，实际工作中不推荐大范围复制粘贴，个别句子的复制粘贴可使用默认的"使用目标主题"，随后再做格式调整，**本案例仅作功能展示用**。

使用目标主题：

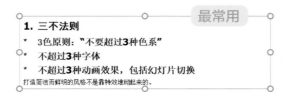

- 正文变为 PPT 默认 18 号字
- 字体及间距设置得以保留
- 从 1 开始重新自动编号
- 缩进发生变化

保留源格式：

- 正文字号与 Word 中一致
- 字体及间距设置得以保留
- 从 1 开始重新自动编号
- 缩进发生变化

粘贴为图片：

- 重新开始自动编号，编号样式与 Word 中一致
- 保留了项目符号样式和悬挂缩进，行距发生变化
- 文字内容不可再编辑

只保留文本：

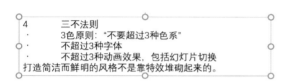

- 段落编号转化为普通文本
- 缩进发生变化
- 字体、字号及行距等所有文字及段落格式丢失，转而套用 PPT 中的默认文字格式

3.5 如何在PPT中导入Excel表格

在 PPT 中导入 Excel 表格最常见的方式还是直接复制表格后在 PPT 页面进行粘贴。和粘贴文本类似，表格也有不同的"选择性粘贴"方式可选，除了前面我们讲到过的 4 种，它还多出一种新的"选择性粘贴"方式——嵌入。

▲ 在 PPT 中粘贴 Excel 表格的 5 种方式

与复制粘贴文字相同的 4 种选择性粘贴方式这里都没有必要再重复介绍了，简单总结一下就是使用 PPT 表格功能的主题样式、保持 Excel 中表格原来的样式、变成样式和内容都不可更改的图片、去除所有样式只保留文字内容 4 种。

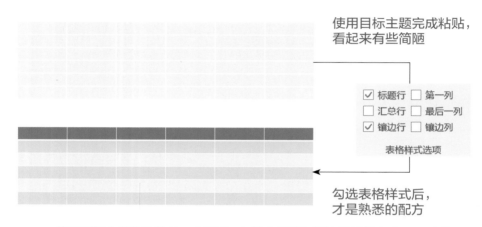

使用目标主题完成粘贴，看起来有些简陋

☑ 标题行	☐ 第一列
☐ 汇总行	☐ 最后一列
☑ 镶边行	☐ 镶边列

表格样式选项

勾选表格样式后，才是熟悉的配方

▲ 使用目标主题粘贴的 Excel 表格，勾选上标题和镶边行就能变成 PPT 表格

只有第 5 种，比较特殊的"嵌入"，才是值得我们细说的一种选择性粘贴方式。使用"嵌入"方式粘贴到 PPT 里的 Excel 表格，和它在 Excel 里本来的视觉样式很相像，不但表格的颜色、文字的字体字号等都保持了原样，连使用了"合并单元格"功能生成的"大号"单元格，都能完美再现。这一点即便是"保留源格式"都做不到。

▲ 对 Excel 表格而言，"嵌入"是粘贴时"保真度"最高的一种

更为神奇的是，虽然嵌入的表格看起来像是一张图片，无法修改内容。但只要双击这张"图片"，就能激活一个内嵌于 PPT 的 Excel 框架，这样我们就能轻松地在 PPT 里使用 Excel 环境来编辑表格内容了。

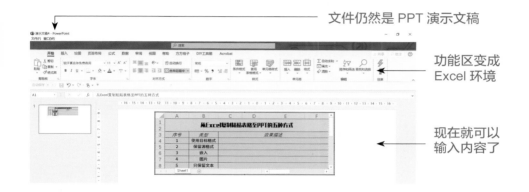

文件仍然是 PPT 演示文稿

功能区变成
Excel 环境

现在就可以
输入内容了

3.6　如何让导入表格与数据源同步

上一节我们说到在 PPT 中导入 Excel 表格，最常见的就是 5 种不同的选择性粘贴方式。其实除了这 5 种方式以外，还有一种比较特殊的选择性粘贴方式，可以让导入 PPT 的 Excel 表格与数据源即原始 Excel 表格保持同步——**如果原 Excel 表格发生了变化，如更新了数据、填入了新内容，PPT 中的这个表格也会随之更新。**

怎么样，这个功能不错吧？下面我们就来看看具体的做法。

首先，在 Excel 中复制表格区域，然后切换到 PowerPoint。打开粘贴按钮下方的粘贴选项，单击"选择性粘贴"。在弹出的对话框中选择"粘贴链接"，最后单击"确定"按钮就能将表格粘贴到当前页面。

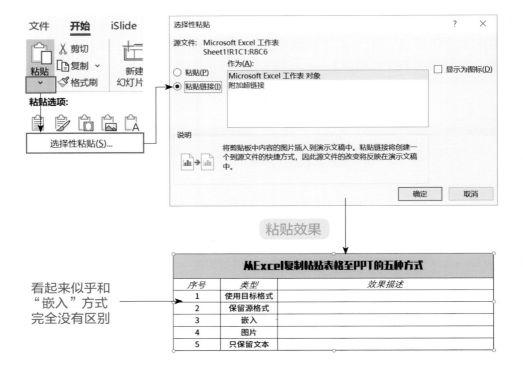

虽然从视觉效果上看，通过这种方式粘贴到 PPT 里的 Excel 表格与"嵌入"粘贴的表格并没什么两样。但实际使用起来，你就能感受到二者的区别。

"嵌入"粘贴的表格，双击时只会就地打开一个内嵌于 PPT 的 Excel 框架，而"粘贴链接"的表格，双击时则是打开独立的 Excel 程序。在 PPT 页面双击这个表格的效果，等同于你在文件夹里双击打开了这个 Excel 文件。

如果我们对这个打开的 Excel 表格进行了编辑改动，这些改动也会同步反映到 PPT 插入的表格中。

　　如果改动 Excel 表格时，以"粘贴链接"方式插入了此表格的 PPT 处于关闭状态，那下一次打开该 PPT 时就会弹出对话框，提醒你 PPT 内包含的"其他文件的链接"需要更新。单击"更新链接"，即可完成改动部分的同步；如果单击"取消"，PPT 中插入的 Excel 表格则会继续保持插入时的状态。

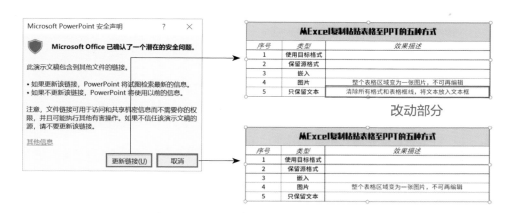

改动部分

　　关于"更新链接"，你还需要了解两点。第一，"更新链接"是针对 PPT 文档里的所有表格统一进行的。如果 PPT 里包含了多个以"粘贴链接"形式插入的表格，在弹出对话框时单击"更新链接"，所有表格都会进行更新。

　　要是想单独更新某个表格的内容该怎么办呢？你可以在打开 PPT 弹出对话框询问是否更新链接时单击"取消"，然后在 PPT 里找到需要更新的表格，右键单击，选择"更新链接"，这样就只有这一个表格的数据内容会更新了。

▲ 手动对单个插入 PPT 的 Excel 表格进行内容数据更新

　　第二，本节所讲述的功能名为"粘贴链接"，顾名思义与在 PPT 中插入

"超链接"属同类操作，即仅仅是记录了"通往目标文件的路径"，而非嵌入了目标文件内容。因此，如果这个链接的目标 Excel 文件被删除、移动位置，又或是改名，均会导致链接失效。打开 PPT 时会收到如下提示。

▲ 找不到 Excel 表格数据源时，PPT 给出的提示

单击确定后进入 PPT，你会发现插入的表格已经不再与原 Excel 表格有链接关系。即便手动进行"更新链接"，也会收到错误提示。

▲ Excel 文件改名或移动后，PPT 中的表格也无法再改动或更新

怎样才能修复这个问题呢？如果链接的文件未被删除，仅仅是被移动或改名，我们可以在"文件 - 信息"选项卡中找到"编辑指向文件的链接"，然后单击"更改源文件"，找到改名或移动后的文件重新指定。完成指定后稍等片刻，待"打开源文件"按钮亮起，则代表指定成功，关闭对话框即可完成修复。

▲ 通过重新指定 Excel 源文件修复表格无法更新链接的问题

当然，如果文件已经被彻底删除，那就只能"请大侠重头来过"了……

3.7 快速导入其他幻灯片

除了从 Word 或 Excel 中导入材料，我们有时还需要从过去做过的 PPT 里找到可以重复使用的部分导入当前 PPT 中使用。如何才能快速导入其他 PPT 的内容呢？这里有 3 种方式供你选择。

复制其他幻灯片的元素

这种导入方式从操作上来讲是最简单的。选中、复制、切换、粘贴，四步就能搞定。不过，和我们在讲"版式的复制"时提到过的情况一样，假设复制的形状元素使用了主题色，粘贴到新幻灯片时就会被替换为新幻灯片的主题色，无法保持原貌，只有使用"选择性粘贴"中的"保留源格式"才能完成原样复制。这一功能前面我们已经使用过多次，相信大家都知道该怎么操作了。

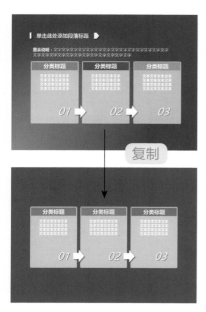

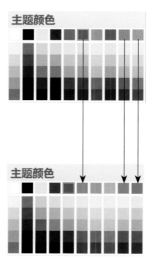

原主题色元素在新幻灯片里会被填充为新幻灯片的同位主题色

▲ 对幻灯片元素的直接复制粘贴通常会遭遇变色的尴尬

重用幻灯片

在 PowerPoint 里，"重用幻灯片"是一个少被提及的功能。此功能可以让我们在不打开目标 PPT 的情况下，直接复制里面的部分页面，将其插入到当前幻灯片里来。具体的操作如下。

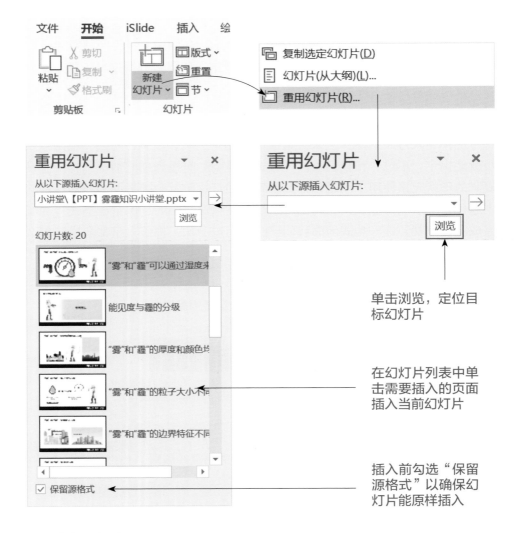

合并幻灯片

如果说"重用幻灯片"是合并两个 PPT 的部分页面，那"合并幻灯片"

这个功能就是拼合两个 PPT 的所有页面。

　　我们只需在当前幻灯片中单击"审阅 - 比较",选择想要合并的幻灯片,单击"合并",此时幻灯片预览窗口会出现下拉菜单。单击首行"已在该位置插入所有幻灯片"或单击工具栏中的"接受"按钮,均可确认合并操作。最后,单击"结束审阅"即可退出审阅状态。被合并的幻灯片将保留源格式,插入到当前幻灯片的所有页面之前。

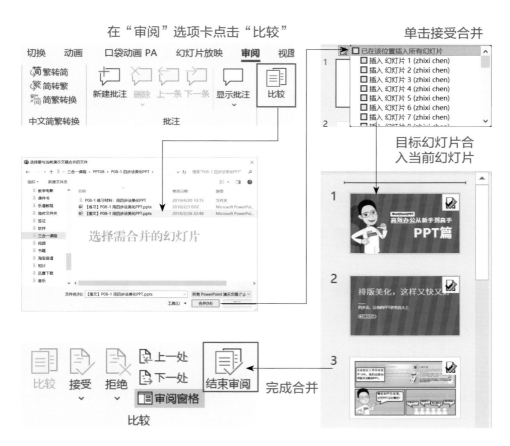

3.8 如何批量插入图片

　　在毕业班会、婚宴酒席等场合,我们常常能看到滚动播放的电子相册,制作这种简单的相册，不需要什么专业的软件，就用 PPT 也能完成，下面我们就来看一个实例。

扫码看视频

✿ 批量插入图片制作电子相册

挑选好你想要制作成相册的照片，将它们都放到同一个文件夹里。

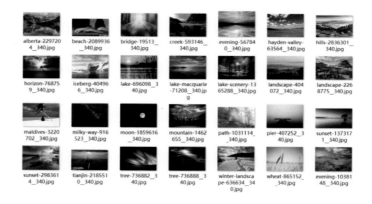

在 PowerPoint 中单击"插入 - 相册"，再单击弹出对话框中的"文件 / 磁盘"按钮，找到存放照片的文件夹，按 Ctrl+A 组合键选中所有图片，单击"插入"按钮。

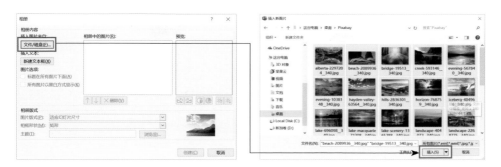

全选图片后插入

　　此时所有的图片会进入相册对话框的图片列表中，如果需要的话可以勾选对应图片后通过下方箭头按钮来调整图片的顺序。

　　打开下方"图片版式"的下拉菜单，我们还可以选择将这些图片以什么样的形式来显示。选定版式之后还可以选择"相框形状"，在右侧有简单示意图可供参考。在本例中我们选择 2 张图片、居中矩形阴影的样式。

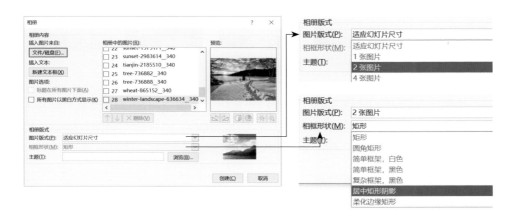

　　再单击主题栏右侧的"浏览"按钮，为相册选择一个合适的主题。这里我们选择"Office Theme"这个白底色的主题。如不进行指定，则生成页面背景为黑色的相册。设置完成后单击"创建"按钮，即可生成相册 PPT 了。

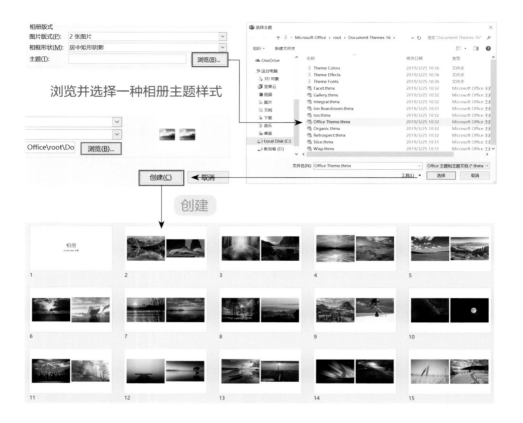

因为原始图片的比例不同，缩放到等宽后，高度上可能存在一定的差异，介意的话可以手动进行裁剪修饰。完成这一系列的工作之后，删除封面页，将幻灯片切换方式设置为"随机"，按 F5 键，就能看到相册的播放效果了。

3.9　如何在PPT中插入视频

不管你打算制作商业还是教育行业的 PPT，都有可能需要在其中插入视频。我们可以通过视频向观众介绍自己的研究项目，可以通过视频为学生们拓宽眼界，甚至使用视频素材打造动态 PPT 背景，达到文字和图片不能企及的效果。

那么，该如何在 PPT 中正确插入视频，以及进行后续的编辑呢？本节我们就和大家一起来探讨这个问题。

扫码看视频

视频的插入与格式

按照传统的方式，我们可以进入"插入"选项卡，在工具栏右侧找到"视频"，单击之后选择需要插入的视频文件即可。

单击插入视频

不过也有更简单的方式，那就是直接把视频文件拖进 PPT 的编辑窗口。单击 PowerPoint 右上角的还原按钮，缩小程序窗口，显示出桌面上的视频文件，将其拖入 PPT 页面并释放鼠标左键，稍等片刻，视频就被插入 PPT 里了。

缩小 PPT 窗口大小

桌面上的视频文件.mp4

最新版的 PowerPoint 几乎支持所有主流的视频格式，一般来说无须担心格式上的问题。但如果你是需要到教室、讲堂、会议室等场合使用，不太清楚这些场合的电脑上安装了什么版本的 Office，那还是建议**你先将视频格式转换为 WMV 后再插入 PPT**。

✿ 使用格式工厂将视频转换为 WMV 格式

搜索、安装好"格式工厂"，打开软件后单击左下方的输出目录，将其改成桌面位置。

接下来，将需要转换的视频拖到格式工厂右侧空白区域，在弹出的对话框中选择"WMV"，然后单击"确定"按钮。

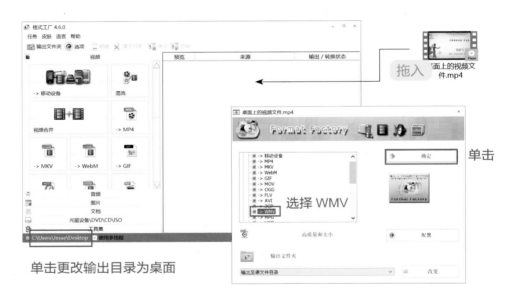

单击更改输出目录为桌面

值得一提的是，格式工厂的使用有两种不同的顺序：我们这里使用的方法是先拖入文件，再指定要转换的格式。事实上，你也可以先在左侧窗口选择要转换的格式，再在弹出的窗口中单击添加需要转换的文件。

先指定转换为 WMV 格式

再添加需转换的文件

　　我们最初设置的输出目录仅对后者有效，而对于前者拖入文件的方式，默认还是"从哪儿来，到哪儿去"，直接输出至原视频文件位置。如果想要输出至桌面，而原视频文件又不在桌面上，记得在选择转换格式时，再调整一下输出目录，最后再单击"确定"按钮。

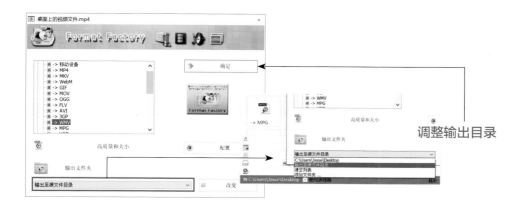

调整输出目录

　　确定之后，视频转换任务就会进入任务列表，单击"开始"按钮，格式转化就开始了。

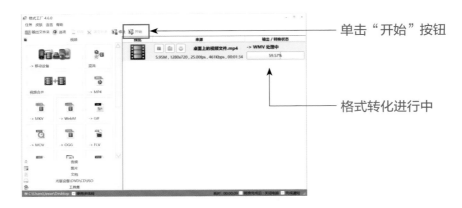

单击"开始"按钮

格式转化进行中

如果对转换的视频有更多细节上的要求，还可以在转换开始之前，右键单击任务列表中的任务，进入"输出配置"选项，进行相应的设置。如果只需转换视频中的某一段，可以单击"剪辑"进行片段剪辑，然后再进行转换。

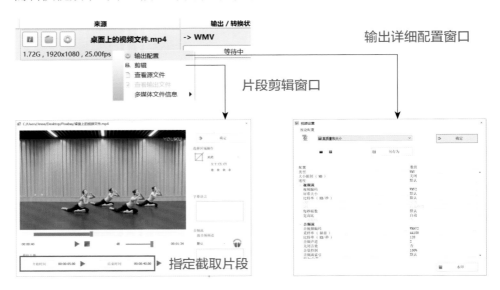

输出详细配置窗口

片段剪辑窗口

指定截取片段

3.10 PPT中视频素材的修改和美化

在高版本的 PowerPoint 里，视频的外观设置与图片类似。大部分针对图片的修改设置如裁剪、样式、变色等，视频外观设置均有同类功能。

▲ 与"图片格式"选项卡功能类似的"视频格式"选项卡

裁剪视频

选中视频，进入"视频格式"选项卡，单击右侧的"裁剪"按钮，即可像裁剪图片那样裁剪视频——我们可以把 PowerPoint 中的视频裁剪看作是"隐去部分画面不显示"，这一操作不会改动原始视频文件，也丝毫不影响视频的正常播放（当然只能显示部分画面）。

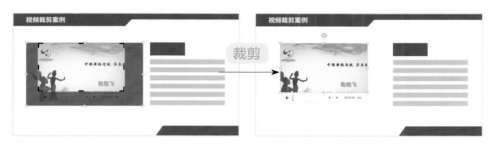

▲ 使用"视频格式"选项卡中的"裁剪"功能调整视频显示范围

视频样式

在"视频格式"选项卡中部，我们可以选择多种 PowerPoint 自带的视频样式。这些样式可以快速改变视频窗口的视觉效果。善用这些效果，能为你的 PPT 视频展示加分不少。

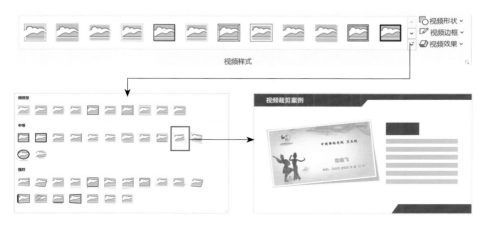

▲ 使用"视频样式"快速改变视频在 PPT 中的视觉效果

颜色、亮度 / 对比度效果

和处理图片一样，PowerPoint 也能对视频进行颜色、亮度 / 对比度的调整。方法也是极度类似，只需选中视频，单击"更正"和"颜色"按钮，打开下拉菜单，就能选择各种效果组合。当然，也可以单击下拉菜单底部的选项按钮进行更多设置。

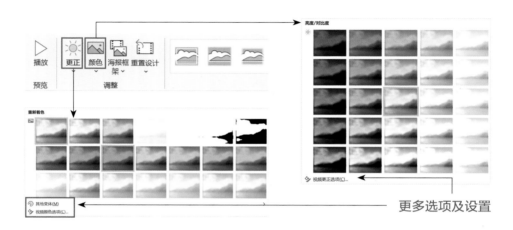

改变视频的封面效果

插入 PPT 的视频在播放前会显示为带播放控制条的静态图片，这为我们迅速区分视频的内容提供了便利。但由于默认显示的静态图片为影片的第一帧，一些从全黑中慢慢淡出的视频就会显示为一个大黑块，视觉效果很糟糕。

▲ 从全黑淡出的视频，插入 PPT 之后就像是在页面上"开天窗"

好在我们可以调整改良这一效果——拖动视频的进度条，定位到一个适合作为封面的画面帧，然后单击"视频格式"选项卡中的"海报框架"按钮，在下拉菜单中选择"当前帧"即可让视频把当前画面设置为封面静态图片了。

找到适合作为封面的画面

▲ 使用"海报框架 - 当前帧"指定视频封面

3.11 掌控视频播放的节奏

关于视频的播放，Office 在最近的几个版本里做过几次调整，这里以最新的 Office 365 版本为例进行讲解。

在 PowerPoint 中，视频的播放被认定为是一种动画。当我们将视频插入 PPT 页面时，动画窗格里就会自动生成播放视频的动画。

▲ 在 PPT 页面插入视频后会自动生成播放动画

动画窗格中的两个动画，前者是普通序列动画中的"单击开始"，即在页面任意位置单击鼠标开始播放视频；后者则是触发器动画，且触发的动画是

"暂停"，即单击视频区域可播放或暂停视频。

如果你想创建一个自动播放的视频，可以选中视频后，在"视频格式"一旁的"播放"选项卡中，把视频的开始条件设置为"自动"。

▲ 图标代表了动画开始的方式，时钟图标代表上一动画后开始

如果你想让视频仅在单击画面区域时播放和暂停，那就选择最后一个选项"单击时"。此时动画窗格中会仅留下触发器动画，这样我们就不能通过单击页面其他位置播放视频了。

▲ "单击时"指仅在单击视频画面区域时才播放或暂停视频

在早前的一些版本中，插入视频会默认设置成"单击时"开始，即仅在单击视频画面区域时才会开始播放。如今改为默认"按照单击顺序"，虽然让演示者可以更方便地开始视频播放，但也带来了一个问题——**如果你是单击视频画面区域开始播放的，那生效的就是触发器动画，而不是普通序列动画中的播放动画**。等到视频放完，你想单击幻灯片页面翻页，这次单击才会让序列动画激活生效，视频就又会重新开始播放。因此，如果你习惯单击画面区域来控制视频的播放与暂停，一定记得插入视频后，将开始条件设置为"单击时"。

单击视频区域激活的是
触发器动画中的播放

单击幻灯片页面又会激活
普通序列动画中的播放

▲ 明明想翻页，却让视频再播放了一次的尴尬是怎么发生的

除了控制视频的播放和停止，我们还可以在 PowerPoint 中直接对视频进行选段裁剪，只保留视频中特定的时间段落——和裁剪视频画面一样，裁剪段落也不会修改原视频。只要你愿意，随时可以将视频恢复原样。

✿ 在 PPT 中去除视频的片头部分

选中页面中插入的视频，进入"播放"选项卡，单击"剪裁视频"，弹出视频剪裁对话框。

视频剪裁对话框的各项功能基本都是一看就会，这里不做太多介绍。以本例中剪去片头的需求来说，总共分为两步。

第一，根据视频进度条上的波形形状找到大致的剪裁位置，将绿色的开始标记拖动就位。

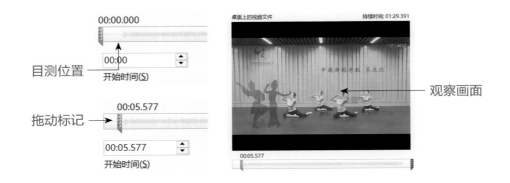

第二，观察画面，不难发现现在的时间位置还略微偏早，片头的影像还未完全消失。单击下方开始时间微调按钮向后推进裁剪位置，找到合适的时间点，必要时还可手动输入时间值达到分毫不差，最后单击"确定"按钮完成裁剪。

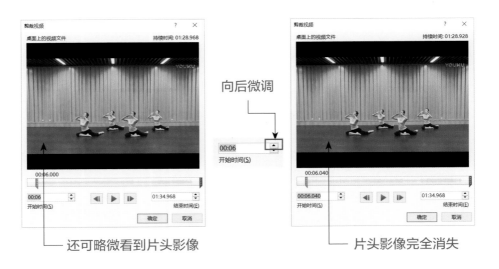

3.12 如何在PPT中插入录屏影像

　　除了插入现有的视频，我们还能通过 PowerPoint 自带的"屏幕录制"功能录屏并插入 PPT 页面使用，如果你要演示软件操作，这个功能会很有帮助。

　　"屏幕录制"的按钮也在"插入"选项卡里，单击该按钮后，当前 PPT 会自动最小化，屏幕变成灰色半透明状态，光标变成十字形状。如果当前窗口不是想要录制的窗口，可以按 Alt +Tab 组合键进行切换，定位到需录制窗口。

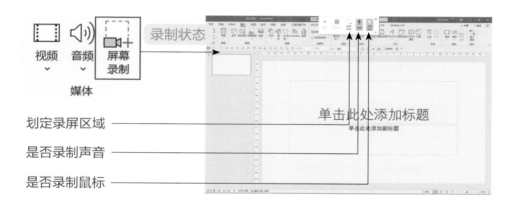

　　按住鼠标左键框划出矩形范围，红色虚线包围的高亮部分即为屏幕录制区域。

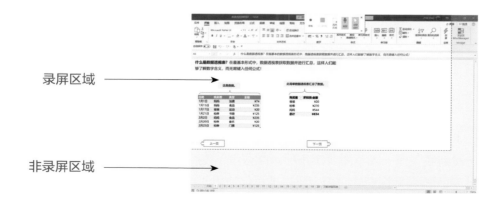

单击录制按钮或按 Win 徽标键 +Shift+R，屏幕中央出现 3 秒倒计时。倒计时结束后录屏开始。

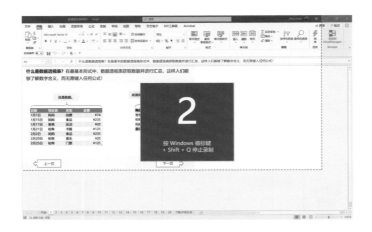

想要结束录制时，按 Win 徽标键 +Shift+Q，录制好的视频就会自动插入 PPT 页面。

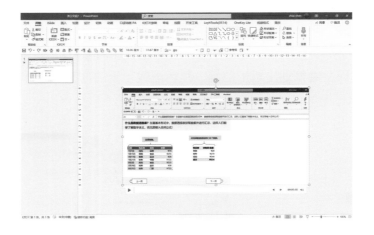

PowerPoint 自带的录屏功能虽然方便，但也极为简陋，除非你能保证能"一镜到底"——既不需要聚焦展示某些细节操作，也不会因为操作失误或讲解卡壳而需要后期剪辑，否则还是推荐你使用 Camtasia 等专业软件来录屏。正所谓术业有专攻，千万不要因为自己手里拿着锤子，就看什么都像是钉子哦！

3.13 如何在PPT中插入音频

在前面的章节里，我们学习了 PPT 里视频的插入和简单的编辑方法，本节我们再一起来了解一下如何在 PPT 中插入和使用音频。

扫码看视频

音频的插入与格式

PowerPoint 中音频的插入与前面我们讲过的视频插入方法完全一致，你可以自由选择通过"插入"选项卡中的"音频"按钮来插入音频，或是直接拖动音频文件至当前页面，具体的操作过程这里就不再重复了。

同样的，虽然最新的 Office 版本已经支持绝大部分的常见音频格式的插入，但如果因为演示场地所限，需要照顾低版本下的兼容性，那就需要先把音频通过"格式工厂"转为 WAV 格式之后再插入使用——**视频用 WMV，音频用 WAV**，是不是很好记呢？

切换至音频分类   转换为 WAV

将音频设置为背景音乐

PPT 中如果需要插入视频，一般都是起到介绍、案例分析等作用，视频本身就是需要观众关注的要点。但对于音频而言，有时则会有所不同，或许我们只是需要为 PPT 增添一点背景音乐，起到营造气氛的作用。

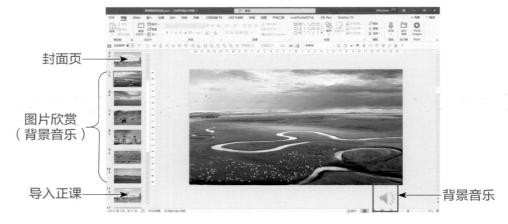

▲ 小学课件《草原就是我的家》需要在 6 页图片欣赏过程中持续播放背景音乐

　　如果不加以设置，插入的音频只会在当前页播放。幻灯片一旦翻页，音乐就会断掉，想要将其变为可持续播放的背景音乐，你还需要进行以下操作。

　　选中插入的音频小喇叭，进入"音频工具 - 播放"选项卡，在工具栏最右侧选择"在后台播放"，选择后左侧音频选项的"跨幻灯片播放""循环播放""放映时隐藏"3 个选项会被自动勾选，且开始条件也变成了"自动"。此时再运行幻灯片，插入的音频就变成自动播放的背景音乐了，页面上的小喇叭按钮也会在播放时被隐藏起来。

▲ 单击"在后台播放"后，左侧的一系列选项会自动改变和勾选

3.14 如何让音频只在部分页面播放

　　如果你足够细心的话，一定发现了前例中的一些不妥——从选项的文字描述来看，如果我们选择了"在后台播放"的样式，音频在实现跨幻灯片播放的同时，也被设置为了循环播放。如果 PPT 是电子相册这样纯粹的图片展示，使用这个选项的确没什么问题。

　　但我们刚才看到的课件案例，实际上只需在特定的 6 页范围内使用背景音乐，如果背景音乐一直在后台循环播放的话，势必会影响教师的正课教学。即便取消勾选"循环播放"，一首歌曲播放一遍的时间也是远远大于展示 6 页幻灯片的。怎样才能让音频只在特定页面范围内持续播放，超出范围自动停止呢？

⚙ 让背景音乐只在指定的 PPT 页面内播放

　　在第一页 PPT 插入音乐，选中页面上的小喇叭，进入"播放"选项卡，将音频设置为"在后台播放"，然后取消勾选"循环播放，直到停止"。

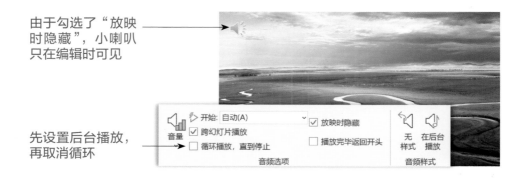

由于勾选了"放映时隐藏"，小喇叭只在编辑时可见

先设置后台播放，再取消循环

　　打开"动画窗格"，可以发现插入音频与视频的显著区别——**视频会生成两个动画，而音频只会生成一个。**设置为后台播放后，音频的播放动画变成了自动开始。

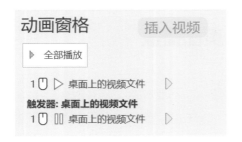

双击动画窗格中的动画步骤，弹出效果选项，将默认停止选项中的"999张幻灯片后"中的数字改为"6"，单击"确定"按钮结束设置。

特别提醒大家注意！**我们在这里填写的数字不是幻灯片的页码序号，而是你想要音乐持续播放的幻灯片张数！**

举个例子，假设我们在 20 页插入音乐，想要它在 20~25 页范围内播放，进入 26 页时停止，那么播放音乐的幻灯片就是 20 页、21 页、22 页、23 页、24 页、25 页，总计 6 张，故应填入的数字是"6"，而非"25"或"26"，千万不要弄错了哦！

3.15　在PPT中插入录音同步讲解

PowerPoint 不但能插入录屏影像，也可以插入录制的音频。这一功能在教学辅助方面帮助较大，教师可以录制当前 PPT 页面的讲解内容插入当前页，把 PPT 发送给学生，学生播放 PPT 时就能在老师的讲解带领下进行复习或预习。

不过，录制音频时并不能进行其他操作，所以我们无法一边演示操作 PPT，一边录制自己的讲解——如果你想要实现这一功能，可以用"幻灯片放映"选项卡中的"排练计时"命令。

✿ 美术教师录制对名画《蒙娜丽莎》的讲解

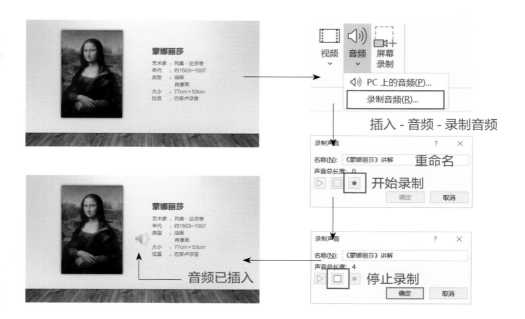

3.16 如何避免插入的音频/视频无法播放

对于很多 PPT 初学者而言，只要是制作的 PPT 涉及插入音频或视频，最后又需要复制到 U 盘里去另外的电脑上播放，那么有很大概率都会遇到音频 / 视频无法正常播放的情况。

很多学生都问过我这样的问题——**为什么我明明把音频 / 视频文件和 PPT 一起打包带走了，可是换了台电脑播放 PPT 时还是说找不到文件呢？**

出现这样的问题，首先要请你检查插入的音频 / 视频文件格式是否按照我们前面章节所讲转换为了 WAV 及 WMV 格式。如果格式正确还是无法播放，那多半是音频／视频文件的路径出了问题。

别改变音频／视频文件的路径

根据我们的经验，大部分遇到这个问题的同学是按照下面这样的流程来制作和打包 PPT 的：

（1）在桌面上右键新建 PPT 文档，开始制作；

（2）在网上下载需要的音频／视频，转换好格式保存到桌面；

（3）把音频／视频插入 PPT，继续完成剩下的页面制作；

（4）制作完毕，新建一个文件夹，把音频／视频文件和 PPT 都放到文件夹里，保存到 U 盘带走。

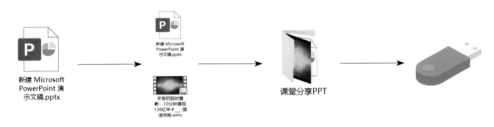

▲ 制作、打包 PPT 的典型错误范例

你是不是也是按照这个流程来制作、打包 PPT 的呢？如果是的话，那就肯定会出现"找不到文件"的问题了——因为你更改了音频／视频文件的相对位置。

所谓相对位置，就是文件与它所在文件夹的相对位置关系。如果一个文件始终位于文件夹 A 中，无论你将文件夹 A 放在何处，文件相对于文件夹 A 的位置都没有发生变化。PowerPoint 记录的就是插入音视频文件的相对位置，也就是路径中的最后一层。

视频文件的相对位置

但仔细回想一下前面的操作，视频在被插入 PPT 时是位于 Desktop（桌面）文件夹下，而打包之后，它却被装进了"课堂分享 PPT"文件夹，这显然改变了文件的相对位置，无法正常播放也就不足为奇了。

正确的做法应该是：

（1）新建文件夹，在文件夹里新建 PPT 文档，开始制作；

（2）在网上下载需要的音频/视频，直接保存到文件夹里；

（3）把音频/视频文件从文件夹里插入 PPT，完成剩下的页面制作；

（4）把整个文件夹复制到 U 盘带走。

按照这样的顺序，音频/视频文件至始至终位于"课堂分享 PPT"文件夹里，相对位置从未改变，也就再不会发生"找不到文件"的错误了。

3.17 插入其他格式的文件

除了支持插入常见的视频、音频这样的多媒体素材，PPT 还可以利用"插入-对象"功能来插入 Word 文档、Excel 表格、PDF 文档等其他格式文件（支持对象类型见列表），插入后的效果与我们之前学习的"嵌入 Excel 表格"类似。

　　如果不清楚想要插入的对象是否被 PPT 支持，也可以选择"由文件创建"类型，然后选择电脑上的文件。如果是不支持嵌入的格式，无论勾选"显示为图标"与否，文件都会在页面上以图标形式显示，双击则跳转到对应程序并打开。

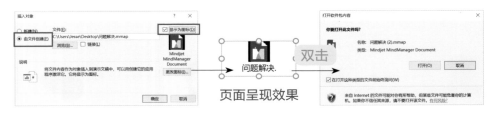

▲ 插入 PPT 不支持的思维导图对象，效果等同于超链接

4

怎样排版
操作更高效

- 花了很多时间排版，头晕眼花？
- 只会用鼠标拖来拖去，太麻烦？

这一章，改改习惯！

4.1 PPT中的"网格"

在 PowerPoint 众多排版技巧中，作用最大的恐怕要算"对齐"了。事实上不止是排版，"整齐划一"在方方面面都能带给人愉悦的感受。还记得第 2 章我们看过的那两张线材图对比吗？左图是不是比右图看起来舒服多了？

▲ 排版中的"对齐"就是要把杂乱的元素按照一定的规则摆放整齐

然而要想把众多元素一个个都摆放整齐，没有一个参考体系显然是很难做到的，这和在白纸上写字比在作文本上写字更难写工整是一个道理。为了降低排版的难度，PowerPoint 为我们提供了一系列的辅助功能，本节我们先来看第一个——网格。

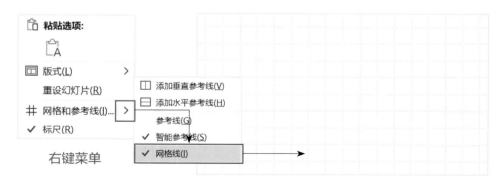

▲ 在右键菜单中可以直接勾选以打开"网格线"

在 PPT 的制作过程中，单纯显示网格并没有太大的作用，这就好像即使作业本上印好了一个个的格子，可小朋友写字还是会东倒西歪，冒出格子去一样。如果最终我们仍然是靠手动拖放来移动元素和摆放位置，靠目测来判断元素是否和网格线对齐，那网格线在辅助对齐方面起到的作用就非常有限。

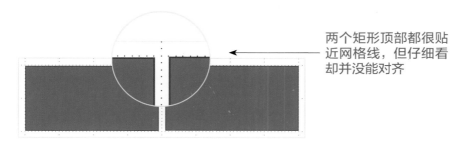

两个矩形顶部都很贴近网格线，但仔细看却并没能对齐

▲ 在 PPT 中做对齐，千万不要对自己的眼力过分自信

因此，如果你要使用网格线来辅助对齐，那就必须在"网格和参考线"设置中勾选"对象与网格对齐"选项。当网格线具备吸附功能之后，对象移动到线条附近时就会被自动吸附过去，网格线才真正起到了辅助对齐的作用。

此外，我们还可以通过网格设置调整网格的间距，使对齐更加方便灵活。

| 粘贴选项： |
| A |
| 版式(L) |
| 重设幻灯片(R) |
| 网格和参考线(I)... |
| ✓ 标尺(R) |

点击打开设置窗口

网格和参考线　　　　　? ×
对齐
☑ 对象与网格对齐(G) 　勾选启用吸附
网格设置
间距(P): [每厘米 5 个网格 ▾] [0.2 厘米 ▾]
☑ 屏幕上显示网格(D) 　调整或自定义网格间距
参考线设置
☑ 屏幕上显示绘图参考线(I)
☑ 形状对齐时显示智能向导(M)
[设置为默认值(F)] [确定] [取消]

每厘米 8 个网格
每厘米 6 个网格
每厘米 5 个网格
每厘米 4 个网格
每厘米 3 个网格
每厘米 2 个网格
1厘米
2厘米
3厘米
4厘米
5厘米
自定义

▲ 网格线的自动吸附开关及网格大小设置

4.2　排版好帮手：参考线

使用网格来进行排版，有时也会遇到一些问题：格子画得太大，可参考的线条就太少；画得太小，频繁吸附又会对正常移动对象带来干扰。因此，更多 PPT 高手都会选择使用"参考线"来辅助排版。本节我们就一起来学习参考线的使用方法。

扫码看视频

参考线的打开方式与网格类似，直接在页面上单击右键，展开"网格和参考线"的二级菜单，勾选"参考线"即可。

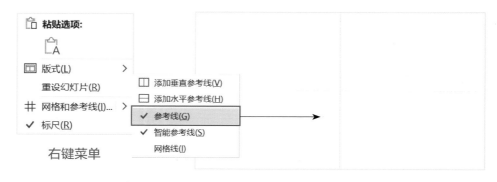

▲ 在右键菜单中也可以同样通过勾选打开"参考线"

你也可以在"视图"选项卡中选中"参考线"复选框来开启参考线的显示。网格线的显示也同样可以在这里开启或关闭。

▲ "视图"选项卡中开启 / 关闭参考线显示的复选框

默认的参考线系统由水平、垂直中心线交叉构成。在实际使用过程中，仅有两条参考线显然是不够的，我们可以通过复制和移动参考线来自由构建需要的参考线体系——将光标放置在默认的参考线上，待其变为双向箭头时按住左键拖动，可以选中并移动当前参考线；在拖动鼠标的同时按住 Ctrl 键则可以复制出新的参考线；将参考线拖动至页面以外，可将其删除。

将参考线移动至垂直中心线左侧 3.3 厘米处

在垂直中心线左侧 3.29 厘米处复制出垂直参考线

此外，在移动参考线时，参考线的位置会默认以 0.1 厘米为最小距离进行移动。按住 Alt 键，则可以以 0.01 厘米为最小距离进行移动。

利用参考线，我们可以在开始设计 PPT 之前，预先勾勒出页面大致的排版布局，包括标题、正文、页边距等都能进行统一规划，加之参考线自带对象吸附功能，有了它的辅助，排版的效率和质量都能大幅度得到提升了。

4.3　什么是"智能参考线"

使用参考线来排版，虽然比使用网格更进了一步，但也有其不足，那就是每个 PPT 只能设置一套参考线系统，我们不可能预先设想好整套 PPT 里所有需要对齐的场景并画上参考线。更何况有时我们只需在不同的元素之间进行对齐，而不是每次都要对齐页面的某个位置。在这个时候，"智能参考线"就能派上大用处了。

智能参考线在 PowerPoint 中默认处于开启状态，我们平时看不到它，但只要 PowerPoint 觉察到你想要对齐某两个对象、调整几个对象之间的间距、缩放当前对象的宽度或宽度与页面上已存在的某个对象相等，它就会自动跳出橙色的虚线提示你，并将对象吸附到这些位置上去，代你完成对齐、调整大小操作的"最后一步"。

顶边已对齐

大小已相同

间距已相等

4.4　排版必修课：对齐命令

除了使用参考线和智能参考线来摆放和对齐元素，PowerPoint 还提供了对齐的命令以方便我们快速对齐多个对象。

可以在"开始"选项卡或"形状格式""图片格式"选项卡中找到对齐工具。

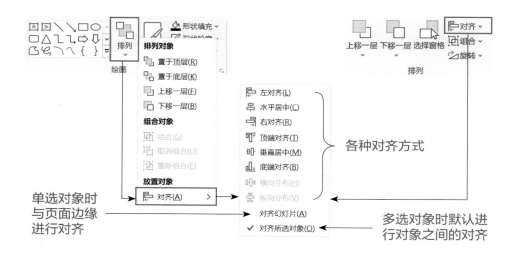

当需要对齐多个对象时，使用对齐命令是最快的，直接框选需要对齐的所有对象，然后根据需要使用对齐命令，就能将对象在指定方向上进行对齐。

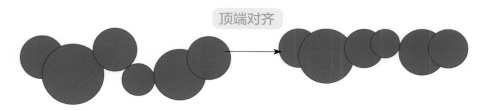

▲ 使用对齐命令一次性对齐多个对象

使用对齐命令排版

在制作 PPT 的过程中，各种元素之间的对齐关系可以说是无处不在。善用对齐，是又快又好完成页面排版的必修功课。下面这一页目录页 PPT，制作过程中都用了哪些对齐方式呢？让我们一起来分析一下。

图片与页面
右对齐

矩形与页面
右对齐

图标与圆水平、
垂直居中对齐

图标组合与文本
框垂直居中对齐

目录条目纵向分布

4.5　分布命令的作用与缺陷

　　在前例排列多个目录条目的过程中，我们用到了"纵向分布"，这是一种特殊的对齐命令，只有当我们选中 3 个及以上对象时，分布命令才会被激活。

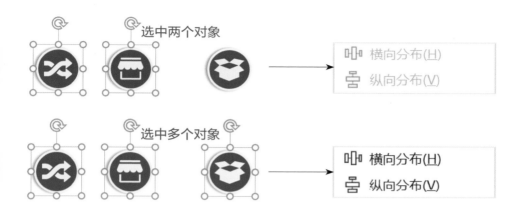

使用分布命令，可以在指定方向上均匀排列多个对象，使它们拥有相同的间隔距离。在分布的过程中，两端的对象位置不会发生变化，因此应该先确定两端对象的位置，再使用分布命令均分间隔。

如果使用分布命令之前勾选了"对齐幻灯片"，则是所有对象以幻灯片宽度或高度进行平均分布，两端对象与各自一侧的页面边缘的距离也会被调整。

分布命令的缺陷

在对单组对象排版时，使用分布命令可以迅速将它们调整到合适的位置，但如果是要对多组对象分别进行分布排列，分布命令就会暴露出些许缺陷。

还是拿前面的目录举例，假设目录是横向排列，就会出现图标宽度相等，而对应文本框的宽度却各有长短的情况。此时按照我们的传统审美，每个标题都应该位于图标的垂直中心线上。

可是，因为**分布命令的原理是间距相等**，如果我们对文本框也使用"横向分布"，就必然出现文本框和图标错位的情况。

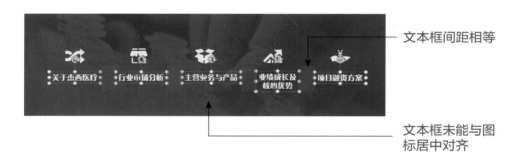

在这种情况下，我们就只能放弃使用分布命令，转而依靠"智能辅助线"的帮助，手动摆放文本框的位置与图标逐一对齐了。

4.6 手动旋转与特定角度旋转

在排版的过程中，除了移动和摆放元素，我们还时常会需要旋转元素的角度。

一般情况下，选中 PPT 中的对象后，对象顶部会出现顺时针箭头的旋转手柄，将光标移动到手柄处会变成一个黑色的旋转指示符，此时按住鼠标左键顺时针或逆时针绕圈拖动就可以将对象旋转到你想要设定的角度：

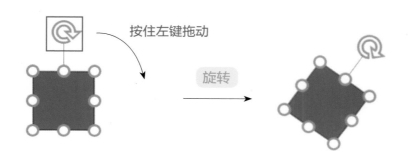

如果你想要旋转对象到指定角度，首先可以借助的是 Shift 键。按住 Shift 键旋转对象，可以将对象以 15°步进旋转到 15°、30°、45°等特定角度。除此以外，我们还可以通过"大小与属性"面板自由指定对象的角度，这个我们留到后面的章节再详述。

不过，并非选中所有对象都会出现旋转指示符。连接符、表格、图表、SmartArt 这些对象均不可旋转；直线可以旋转，但选中时不会出现指示符，需要旋转时直接拖动一端即可自由调整角度。另外，选中线条按住 Alt 键后再按左右方向键，也可以对线条进行 15°的步进旋转（此操作对其他形状也有效）。

4.7 组合的作用与隐藏优势

"组合"是 PowerPoint 中最常用的操作之一，它的一大作用就是把多个对象临时变为一个对象，方便我们整体进行移动、旋转、属性设置等操作。

如果没有组合，我们就很难在分别旋转圆角矩形之后，还能在斜向上保证它们间距相等，做出下面这样斜向分布的圆角矩形阵列。

先做水平分布　　　　组合后旋转

▲ 你可以试一下如果不做组合，直接全选矩形旋转是什么效果

如果没有组合，我们也无法给多个圆角矩形整体填充上一张图片，做出下面这样的创意图片填充效果。

▲ 同样可以试一下不做组合，全选矩形填充图片是什么效果

前面我们通过一个案例展示了对齐命令在目录页排版中的使用。在这个案例中，我们也频繁用到了"组合"命令——为了对齐图标和文本框，我们把图标的标识和底盘组合到了一起；为了垂直分布不同的目录条目，我们又把图标和文字组合为了一个整体。

▲ "组合"与"对齐"命令时常会搭配使用

由此可见，正确使用组合命令还能帮助我们更加方便有效地进行排版，这可以说是组合命令一个非常重要的拓展用途。

组合的隐藏优势

除了前面提到这些显而易见的优点以外，使用"组合"还有一个隐藏优势，那就是可以在缩放时维持多个对象之间的相对位置关系不变，这对于形状绘制非常有利。

如我们综合使用多种形状绘制了一只可爱的熊本熊，绘制完毕之后觉得尺寸偏小，想要将其放大后使用。如果不预先加以组合，直接框选所有形状进行放大，效果可以说是惨不忍睹：

出现这样的问题是因为在未组合时选中多个形状对象进行缩放，每个形状对象都是参照自身的坐标体系进行放大，形状之间的相对位置就会发生改变。

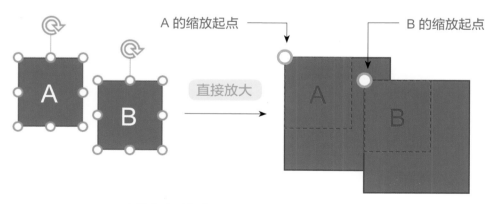

▲ 直接多选对象进行缩放导致整体效果改变的原因

而组合后放大，各个形状有了统一的坐标体系，缩放时不同形状之间的相对位置得到保持，也就不会出现上面这种情况了。

不过也要提醒大家，如果组合中包括文字，这招就不太灵了。毕竟文字的大小只由字号决定，无法通过缩放来调节。遇到这种情况，我们只能先调整好组合的大小，再单独调节文字的字号和位置与组合匹配，最终达到统一。

4.8　对象的层次、遮挡与选择

在 PowerPoint 中，后生成的对象默认位于早先生成对象的上层，如果对象不透明，则对象之间出现重叠时后生成的对象会挡住先生成的对象。

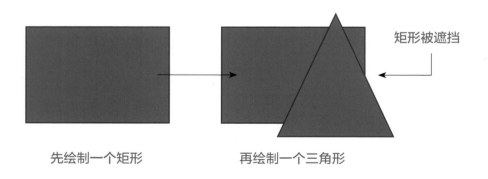

先绘制一个矩形　　　　　　　再绘制一个三角形

利用这个原理，我们在排版时就可以做出很多特殊的效果。如下面这个框线风格 PPT 封面标题，就是用白色无边线矩形遮盖蓝色边线矩形得到的。

在这个封面案例中，蓝色边线的无填充矩形在底层，白色无边线矩形在中间层，文字内容组合在顶层。由于封面的背景也是白色，白色的矩形和背景色融为一体，形成了蓝色边线矩形在文字区域"开口"，给文字让道的效果。

这是上层对象比下层对象小的情况。如果反过来，上层对象比下层对象更大，重叠时完全遮盖住了位于下层的对象，那要选中下层的对象就需要一些技巧了。这里给大家推荐几种不同的方法。

调整层级法

如果叠置在一起的对象层级不多，可以使用调整层级的方法。具体的做法是右键单击顶层对象，选择"置于底层"，即可显露出之前被其遮盖的对象：

对被遮盖的对象完成调整之后，再将其置于底层，或右键单击较大对象将其重新置于顶层即可。

调整层级的方法优点在于方便快速，但它的缺点也很明显——当页面上的对象较多时，将对象"置于顶层"或"置于底层"的操作也会影响到当前对象与其他对象之间的层级关系。如果较大对象上层还有其他对象，那将它"置于底层"后再"置于顶层"是无法还原对象之间的层级关系的。

初始状态　　　　将较大对象置于底层后，　　再将较大对象置于顶层，
　　　　　　　　原底层对象显露出来　　　无法还原初始状态

部分框选法

在 PowerPoint 中，框选对象时必须完整框选才能将其选中，部分框选是无法选中对象的。利用这个特性，我们可以在不调整上层对象的层级、位置的情况下直接选中下层被遮挡的对象。

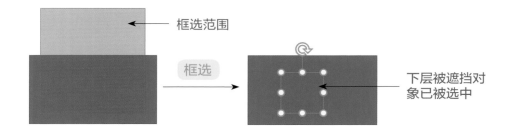

当下层对象被选中之后，你可以直接对其设置颜色、添加效果，甚至输入文字。左键单击拖动选框还可以移动下层对象，几乎与将其置于顶层后能进行的操作没有区别。唯一的不足就是设置各种效果时无法直观地看到改变，另外，如果还有比它更小的对象，框选时很有可能被一并选中，需要按住 Shift 键单击进行反选，略显烦琐。

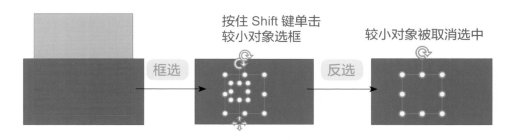

选择窗格法

最后，再给大家介绍一下在 PowerPoint 中帮助我们选择特定对象的"终极武器"——选择窗格。选择窗格位于开始选项卡右侧，单击展开"选择"下拉菜单，就可以看到它了。单击选择窗格后可以看到当前页面中的所有对象名称列表，**列表中的对象的上下关系就是对象在页面上的层级关系**。例如，下面右侧的 3 个图形，位于顶层的绿色正方形就是选择窗格中的"矩形28"，蓝色矩形就是"矩形 6"，而被蓝色矩形遮挡住只看得到选框的就是"椭圆 25"了。

对象在选择窗格中的名称与其在页面上的实体一一对应，只要在选择窗格中选中对象的名字，就可以选中对象本身；在选择窗格中上下拖动对象名称，就能改变对象的层级关系；对象较多时，为了区分"矩形 28"和"矩形26"各指的是哪个形状，我们可以单击对象名称进行重命名；单击对象右侧的小眼睛，还可以临时隐藏该对象，再次单击恢复显示……正是因为有诸多优势，选择窗格才不愧为对象选择管理的"终极武器"。

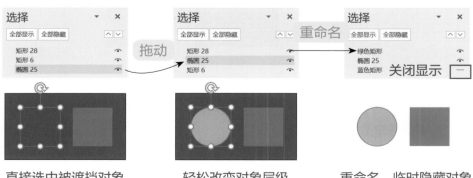

直接选中被遮挡对象　　　　轻松改变对象层级　　　　重命名、临时隐藏对象

4.9　高手的两把刷子之一：格式刷

在日常生活中，我们夸赞某人的确有些本事时通常会说："这人还真有两把刷子！"在制作 PPT 的过程中，高手们还真就常用到两把刷子——格式刷和动画刷。下面我们就一起来看看这两把刷子该怎么用。

扫码看视频

✿ 使用格式刷快速完成版面格式统一

下面是一份正在制作过程中的课件，当前页面计划展示 3 张图片，目前做好了一张图片及文字的效果。很显然，我们需要把当前图片和文字的格式传递给剩余的两张图片及两组文字，才能实现整齐划一的效果。

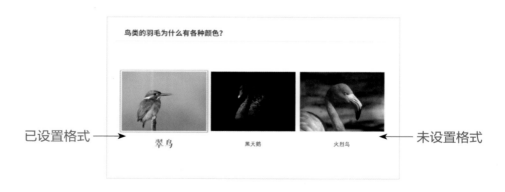

选中翠鸟的图片，然后单击"开始"选项卡中的"格式刷"，此时光标会变成带有一把小刷子的样式，将它移动到黑天鹅图片上单击，就能一次性将翠鸟图片的边框和阴影效果复制给黑天鹅图片。

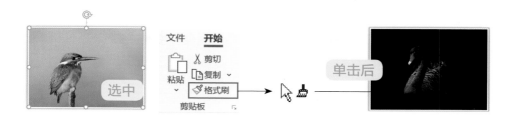

还是同样的操作，选中设置好格式的文字，使用格式刷，将选中文字的字体字号颜色效果等格式设置传递给"黑天鹅"文本框。

这里要提醒大家注意：为了避免影响到正常状态下光标的对象选择功能，带格式刷效果的光标在单击过一次之后就会自动退出工作状态，恢复到普通光标。如果你想再给其他对象刷上格式，还得重新选中带格式的对象再来一次。

在当前这个案例中，我们就需要将多个对象都刷上同样的格式，这样的设置无疑降低了工作效率。怎么办呢？下面提供给你两个解决方法。

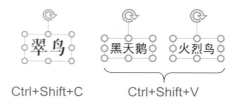

双击格式刷法

双击格式刷按钮可进入格式刷锁定状态，使用完不自动退出，这样我们就可以把同一个格式连续刷给不同的对象，需要退出的时候手动按 Esc 键即可。

快捷键法

选中已经设置好格式的对象按 Ctrl+Shift+C 组合键复制格式，然后选中还未设置格式的对象按 Ctrl+Shift+V 组合键粘贴格式，这样无论有多少个对象，都能一次性完成格式的迁移。

4.10 高手的两把刷子之二：动画刷

从 2013 版开始，PowerPoint 在"动画"选项卡中加入了"动画刷"功能。

和"格式刷"类似，当你设置好一个对象的动画后，对其使用"动画刷"，然后再单击其他对象，就可以把前一个对象的动画设置复制过来了。

"动画刷"同样支持双击锁定连刷，但却不能像"格式刷"那样通过快捷键把动画刷给多个对象，只有安装了"口袋动画"插件之后才具备这一功能。

✿ 使用动画刷快速完成动画效果统一

还是继续使用上一个实例我们制作好的 PPT 页面作为案例。现在我们想要给这个页面上的图片及下方文字都加上动画——图片擦除出现，文字随后淡出。

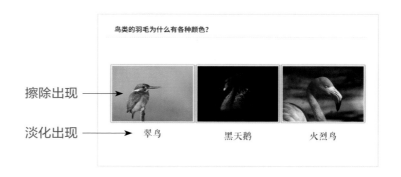

选中翠鸟的图片，进入"动画"选项卡，单击"添加动画"，选择"擦除"，更改擦除方向为"向右"；选中"翠鸟"文本框，单击"添加动画"，选择"淡化"，然后将开始条件改为"上一动画之后"。

这里刻意没有使用"动画"选项卡中非常显眼的动画设置栏,是因为该设置栏只能给对象设置单个动画效果,即便选中同一对象多次为其设置动画,后一次设置也会替换掉之前的设置,最终该对象还是只有一个动画效果。

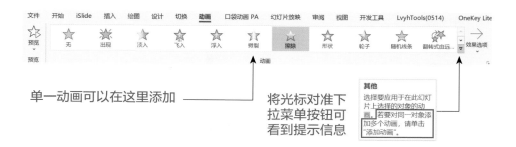

虽然本例中我们只需设置单一动画,但考虑到大家在将来总会需要制作更复杂的 PPT 动画,在一开始就了解这些细微的区别,可以从源头上避免未来的错误发生。因此,在这我刻意使用了"添加动画"下拉菜单。

回到本案例,选中翠鸟的图片,双击动画刷按钮,分别单击黑天鹅和火烈鸟的图片,给它们都添加上"擦除"动画。按 Esc 键退出动画刷模式,选中"翠鸟"文本框,双击动画刷按钮,分别单击"黑天鹅"和"火烈鸟"的文本框,将它们刷为"淡化"。

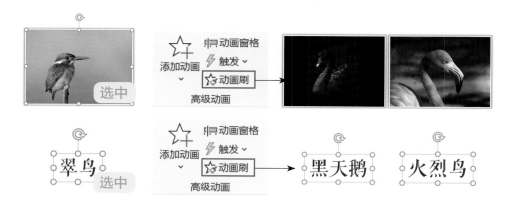

到这里,我们的工作是不是就结束了呢?还差一步!打开"动画窗格",不难发现此时的动画顺序是错误的。因为我们连续使用了动画刷,后两张图片的"擦除"动画挨在一起、"淡化"连成一串儿,并不是我们想要

的效果。因此，还需要手动调整它们之间的排列顺序，形成三组"擦除 - 淡化"的效果。

在实际工作中，你也可以在最开始就框选 3 张图片添加"擦除"，框选 3 个文本框添加"淡化"，最后再逐一调序，效果都是相同的。

4.11　高手的"偶像天团"：F4

对不熟悉 Office 的人提起"F4"，他们或许只会想起当年火得一塌糊涂的偶像剧《流星花园》及里面的偶像天团。但对于 Office 高手们而言，F4 键则是用得最多的功能键之一，它在 Office 里的作用是重复上一步操作。

例如，将一段文字中的某些关键词改为红色。正常的操作是选中关键词，然后在浮动工具栏中设置字体颜色。有多少个关键词需要改色，就需要重复多少遍"拖选 - 设置字体颜色"的操作，鼠标需要来回在文本和工具栏之间移动。

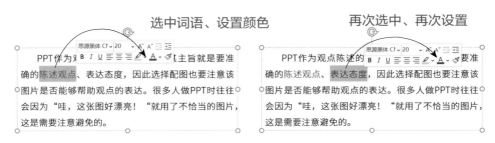

▲ 常态下的多关键词变色操作非常烦琐

而如果你会使用 F4 键，在完成第一个关键词的设置之后，只需右手操作鼠标选中关键词，左手按 F4 键——选中一个、按一次——很快就能把整段文字需要标记的关键词都改为红色。

选中词语、设置颜色　　　　　　　　再次选中、直接按 F4 键

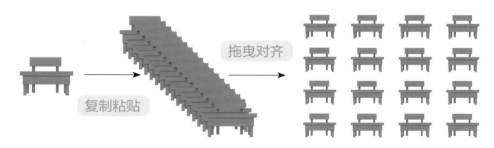

▲ 使用 F4 键省下了来回移动鼠标的操作

如果说因为有格式刷的存在，在前面这个案例中 F4 键的优势还不是特别明显的话，那么下面这个案例，就真的只有 F4 键才能"担此重任"了。

在制作 PPT 时，我们有时会需要复制出一系列间距相等的对象阵列。使用传统的方法，只能先进行复制粘贴，然后逐一拖曳、辅以对齐命令去排列整齐。

拖曳对齐

复制粘贴

▲ 使用传统方法，复制之后的对齐是个大工程

而使用 F4 键，我们只需按住 Ctrl 键和 Shift 键，向右拖曳出一张课桌椅，然后连续按两次 F4 键，就能做好一排课桌椅；全选一排课桌椅，按住 Ctrl 键和 Shift 键，向下拖出一排课桌椅，然后连续按两次 F4 键，就能生成全部课桌椅，实现效率的成倍提升：

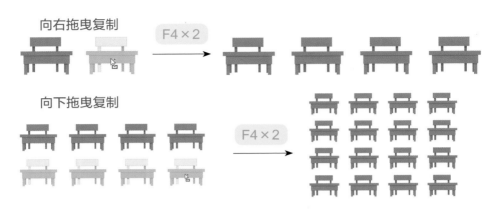

▲ 使用 F4 键，复制的同时就完成了对齐

4.12　排版中的标准形状绘制

在 PPT 的版面设计过程中，我们经常需要绘制直线或调整线条长度，如果单纯使用鼠标拖曳绘制调整，就很有可能出现绘制的线条不平直的情况。如果按住 Shift 键画线就不存在这个烦恼了。画线时按住 Shift 键，左右拖曳就得到水平线，上下拖曳就得到垂线，斜向拖曳就得到 45° 线。

直接绘制的直线可能不平直　　　按住 Shift 键绘制出来的直线横平竖直

Shift 键不但可以用于辅助线条绘制，也可以用于辅助形状绘制。如绘制矩形时按住 Shift 键，就可以绘制出正方形；绘制椭圆形时按住 Shift 键就能画出圆形等。

▲ 按住 Shift 键绘制出来的标准图形

除此以外，Shift 键还能锁定对象移动方向。按住 Shift 键拖动对象，可以强制对象沿水平、垂直或斜 45°方向移动。同时按住 Ctrl键，则可完成水平、垂直等方向上的复制。

光标已经向上偏离了一大截，但复制仍然锁定在水平方向上

Ctrl+Shift+ 拖动

4.13　形状微调的秘密

如果你对绘制形状的大小或角度不满意，想微调长度、宽度或角度，用鼠标操作往往很难控制得精准。要达到更高精度的控制，我们可以在"设置形状格式"对话框中的"大小"和"位置"功能组进行设置和微调。

友情提醒：如果你要调整形状的大小，记得勾选"锁定纵横比"功能哦！

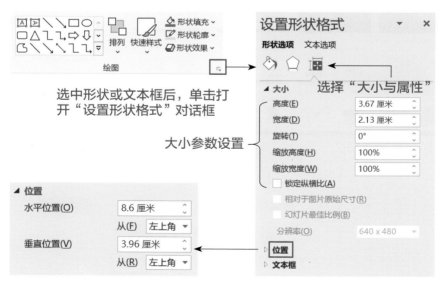

选中形状或文本框后，单击打开"设置形状格式"对话框

选择"大小与属性"

大小参数设置

▲ 使用直接输入参数的方式来微调形状属性

在"设置形状格式"对话框中，对象的大小和位置的精度均可以达到 0.01

厘米，旋转角度最小为 1°。对于大多数情况，对象大小和位置的精度已经足够了，但角度还略微有些粗糙。如果你还需要更高精度的角度设置，如 36.5°，则需要借助 OneKey Tools 插件的"旋转增强"功能来实现。

4.14　成就感满满的幻灯片浏览模式

在制作 PPT 的过程中，我们使用得最多的视图模式是普通视图，如果你想对 PPT 的整体效果进行浏览，可以通过编辑窗口右下角的按钮切换到"幻灯片浏览"模式。在这个模式下 PPT 的所有页面都会平铺显示，给人满满的成就感。

▲ 编辑窗口右下角的诸多按钮功能

自 2013 版开始，PowerPoint 还新增了幻灯片分节功能，在制作数十上百页的大型 PPT 时，带有分节设置的幻灯片在浏览模式下看起来结构更加清晰。

单击节标题
可以折叠/展
开本节内容

4.15 隐藏命令与快速访问工具栏

　　随着 Office 的更新换代，PowerPoint 也加入了越来越多的功能。有一些个别的功能使用频率不高，微软就没有把它们放入默认功能区，这些命令也就成了"隐藏命令"。如果你确实需要使用这些命令时，就得将它们手动调出来。

　　右键单击功能区空白处，选择"自定义功能区"，将左侧命令列表切换为"不在功能区中的命令"就可以看到这些隐藏的命令。选定命令后，在右侧选择一个想要添加命令的选项卡，单击"新建组"按钮，最后单击"添加"就能把该命令添加到功能区了。

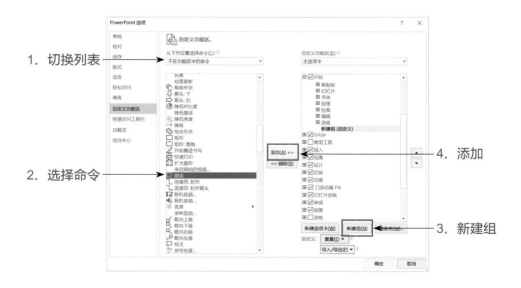

在 PowerPoint 2010 里，"合并形状"就是一组隐藏的冷门命令，被爱好者们发现后深受好评，大量用户都使用"自定义功能区"功能把它添加到功能区使用。从 2013 版开始，微软也响应用户的要求，把它加入了正式功能区。

如今再看这个命令列表，我们已经很难再找到一个值得添加到自定义功能区的好命令了。更多的时候，我们需要的是另一种自定义。

自定义快速访问工具栏

在 PowerPoint 中，有一些命令使用频率高，但却分散在不同的选项卡里。有的还深藏在下拉菜单的二级菜单里，使用时来回跳转、打开下拉菜单、等待弹出二级菜单，非常不便，极大地影响了我们制作 PPT 的效率。

我们完全可以把这些常用命令都放入"快速访问工具栏"，需要使用时直接单击就可以了。

扫码看视频

具体的做法是单击 PowerPoint 窗口左上角快速访问工具栏最右侧的下拉菜单小三角，选择"在功能区下方显示"。

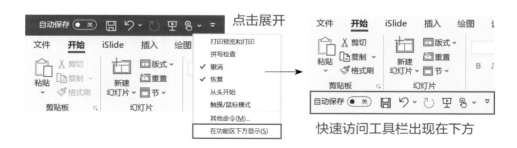

接下来，根据自己的需要，在各个选项卡的常用命令上单击右键，将它们逐一"添加到快速访问工具栏"即可。有了这个随用随点的工具栏，制作 PPT 的效率一下子就能提升一大截。

▲ 将命令添加到快速访问工具栏打造出自己的个性化方案

4.16 3分钟搞定PPT目录设计

在前面的案例中，我们大致介绍过左侧这个目录页的做法。为了让大家对 PPT 排版制作过程中最常见的对齐、分布等命令了解得更加透彻，本节我们再一起来完整演练一遍。

⚙ **PPT 目录排版设计实战演练**

目录页在整套 PPT 中只会出现一次，且设计方案可相对独立，所以我们可以先将页面指定为"仅标题"的版式，再进行后续的设计。

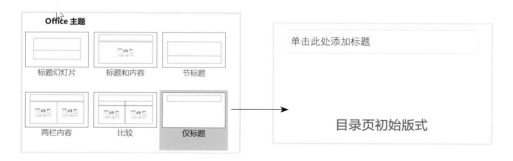

经过上一章对"主题"的学习，我们都知道制作 PPT 应该养成先指定主

题字体、主题颜色再进行具体页面设计的好习惯。因为制作的是目录页，所以这里就假定我们已经在制作封面页时完成了这些设置，如指定主题字体为"华康俪金黑"与"微软雅黑"的搭配，那么我们就只需将标题占位符移动到页面左侧，输入"目录"二字，调整好字号、颜色及占位符大小即可。

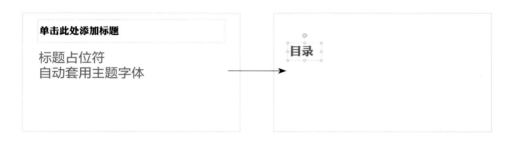

接下来插入我们准备好的图片素材，裁剪保留需要部分，缩放到与页面等高，放置在页面右侧。

绘制矩形，调整大小与图片等大，覆盖在图片上层，设置好与"目录"文字同样的蓝色，去掉边线，设置透明度为 10%。

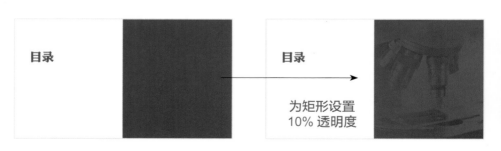

按住 Shift 键绘制圆形，设置为蓝底白边，边线宽度为 3 磅，为其添加向左偏移的阴影效果，放置在矩形边缘；插入文本框输入文字，设置好字体字号及颜色。

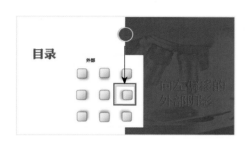 

将圆和文本框编为一组，选中组合后按 4 次 Ctrl+D 组合键，复制出 4 组。调整最末一组的位置，参考"智能辅助线"使其与第一组左对齐，且上下页边距相等。

 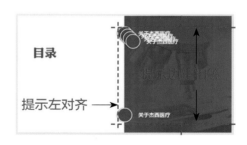

框选所有组合，使用左对齐、垂直分布，完成目录条目的排版；全选所有条目，解除组合，然后逐一修改文本框内的文字内容以符合 PPT 内容。

结合目录条目的文字内容，插入恰当的图标素材（可借助 iSlide 插件），调整到合适大小，放置到圆形中间，与圆形做居中对齐，个别图标可做微调。

对齐命令只能对齐选框，可个别图标的图案并不在选框中间，需要手动微调才能实现视觉上的居中对齐

新建文本框输入英文目录单词、公司名称及辅助文案，分别设置合适的字体字号及颜色，与"目录"二字分别做底部对齐和左对齐，同样略做微调。

以视觉效果为标准做对齐，而非选框

在"目录"和公司名称、辅助文案之间按住 Shift 键绘制水平直线，设置为蓝色，长度以下方文本为参考；调整线条磅值为 1 磅，完成目录页制作。

线条长度与下方文本长度匹配

4.17 5分钟搞定组织结构图

　　组织结构图是 PPT 中时常需要绘制的一种图表。虽然我们可以借助 SmartArt 功能快速制作，但在样式上却非常受限。例如，左侧这种带照片的组织结构图，就只能手动绘制。

⚙ 公司组织结构图绘制实战演练

　　不难发现，在组织结构图中存在着大量大小相同、间距相等的对象单位，特别适合使用 F4 键来进行复制，这是我们提升排版效率的关键。认识到这一点之后，就可以开始动手制作了。

　　首先利用矩形、图片和文本框等素材制作好一个对象单位，然后全选编组。

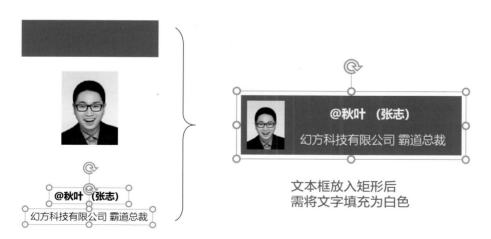

文本框放入矩形后
需将文字填充为白色

　　使用前面章节制作课桌椅的方法，运用 F4 键快速复制出整齐的四行四列组织人员对象单位。

　　框选第二行对象单位，按住 Shift 键向左水平移动一段距离，制作出三四行缩进的效果。

　　删除首行最右侧对象单位，然后将第二行四个对象单位两两进行框选编组。

　　选中首行左侧对象单位，与第二行左侧组合居中对齐；选中首行右侧对象单位，与第二行右侧组合居中对齐。

按住 Shift 键将首行中间对象单位向上移动，参考智能辅助线确保与原首行的间距与初始间距相等。

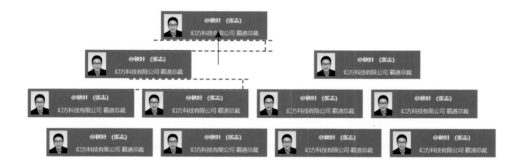

解除现第三行（原第二行）的组合，将中间两个对象单位重新组合在一起，与现首行单位做水平居中对齐。

解除上一步的组合，接下来就可以使用连接符形状来连接不同的对象单位了。选中连接符形状，将光标移动到对象边缘中点时会出现连接点，

在连接点上按住左键开始绘制，移动到另一对象的边缘中点释放左键即可完成连接。

在形状列表中右键单击连接符形状，选择"锁定绘图模式"，可以连续使用连接符形状进行绘制。结构相同的连接符也可以绘制好一次之后多次复制以提高效率——复制之前最好先设置好线条的颜色和宽度。

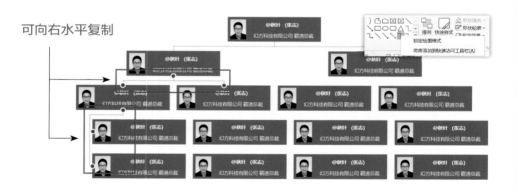

最后，修改矩形颜色，改写文字内容，右键单击图片使用"更改图片"替换照片，加上标题，适当添加一些页面设计装饰元素，一份带人物照片的组织结构图就做好了。

5

怎样设计
页面更美观

- 下载了很多模板，PPT 还是很难看？
- 添加了很多动画，PPT 还是很业余？

这一章，提升美感！

5.1　依赖模板是提升PPT水平的大敌

在职场里谈到 PPT 制作，大部分人都不觉得有多难，哪怕他们从来没有认认真真学习过 PPT 制作，但似乎这事儿就理所应当是"无师自通"一样，顶多只是做出来的效果不够美观，或者操作不熟练、制作速度慢了点儿。

之所以会产生这样的误解，和大多数人心目中对 PPT 制作流程的错误认识是分不开的。很多人在请教 PPT 高手时最喜欢提的两个问题就是：

可不可以帮我做一下？很简单的！

有没有好的 PPT 模板？给我发点！

在他们看来，制作一份好的 PPT 似乎只需要熟悉软件操作就行了——你操作那么熟练，我这点儿内容顶多就花你十分钟，真的很简单！我也就是操作不熟练，只要有个好看的 PPT 模板帮我省去操作环节，把文字材料复制粘贴进去谁还不会？

他们可能很难想象，用这种思维方式去制作PPT，连基本步骤都是错的。

步骤	普通人做PPT	高手做PPT
第一步	**选择题** 哪套模板更好看？	**思考题** 用什么形式表达最符合主题？
第二步	**填空题** 能不能刚好把材料塞进去？	**思考题** 现有的材料是不是符合形式？
第三步	**（对听众）思考题** 刚刚讲的大家都听懂了吗？	**（对听众）选择题或判断题** 大家认为哪个方案更合理？

正是因为大家都习惯利用整合好的模板，所以也就失去了亲自动手打造设计元素、组合设计素材的过程，忽略了对文字、线条、形状、表格、图片

等基础设计元素的学习和理解。

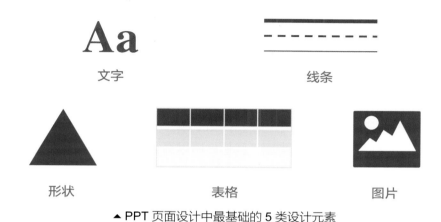

▲ PPT 页面设计中最基础的 5 类设计元素

依赖 PPT 模板，对于某一次设计任务而言，的确效率更高，但是从较长远的职业生涯来看，你就很难做出有创造性的工作，**因为你无法自由地用最适合的形式表达你的想法，甚至会为了迎合模板而限制自己的思维。**而如果急于求成、强行突破模板的框架，往往又会把 PPT 做得不伦不类。

寒号鸟的故事大家都听过，可偏偏就有很多人如同寒号鸟一样，把做 PPT 当成任务，工作上没需要就绝不会打开 PowerPoint 练习，而每次任务来了，又自知水平不过关，只能依赖于模板。看着那些拙劣的效果，他们也会在心中默念："从明天开始我一定要好好学习 PPT"，可任务一交差，他们立马忘记了自己立下的誓言。

本章，我们会逐一学习 PPT 页面设计中常用设计元素的变化和用法，只要掌握了这些基础的设计元素，在短时间内做出高质量的 PPT 就不是神话！

5.2 字多还是字少？答案是得看人

都说"字不如表、表不如图"，在 PPT 里少用字多用图一直以来都是一条雷打不动的真理。可事情真有那么简单吗？想想看，如果是你自己要做汇报，下面两张 PPT，你会选哪张？

一般的回答是：喜欢右边，但如果自己上台讲的话，还是会选择用左边。

这个矛盾恰恰说明一个事实：我们之所以那么喜欢PPT，就是因为**PPT能够做我们的提词稿，来帮我们掩饰对业务材料不够熟悉的真相。**

当你羡慕那些演示达人能够手握翻页器背对着漂亮的PPT侃侃而谈，引得台下掌声雷动的时候，请一定记得：他们通常不需要PPT也能做到这一点。

因此，幻灯片的好坏不应该脱离演示者的业务能力来评价。假如你是一位职场新手，刚刚到公司工作就需要做一次演示，虽然选择文字密密麻麻的PPT会丢分，但至少你可以保证自己的演讲不会出错；当然，如果你在这个职位上工作了3~5年，对业务材料已经足够熟悉，在一些不需要传递详细数据的PPT页面，的确可以削减文字数量、提升PPT的美感。

怎样判断演示者的业务能力高低呢？有一个简单的办法是：拔电源。在演示过程中突然关闭电脑，如果演示者依然能够完成演示，说明他的业务能力很棒。当然你知道，大部分人只要PPT一黑屏，他大脑就蓝屏。

那么，有没有办法让PPT兼顾美观和提词稿的功能呢？

别让文字失去焦点

下面这样的PPT，如果你是观众，会有兴趣看PPT上的文字吗？

▲ 你是不是也经常看到这样"文字/图片+模板"简单粗暴的PPT？

我想，大部分人扫一眼就会失去阅读的欲望。也就是说，这页 PPT 除了帮助演讲者提词外，对听众的帮助不大。

想想看你看过的电影吧！优秀的影片，难道是要让观众记住每一个场景和每一句台词吗？不，它只需要让观众在了解整个故事情节之外，还能对个别出彩的场景和称得上是金句的台词留下深刻的印象，这就足够了。

所以，为什么不为你的 PPT 打造出几个能给人留下印象的焦点呢？

提炼给观众看的焦点

留给自己看的提词稿

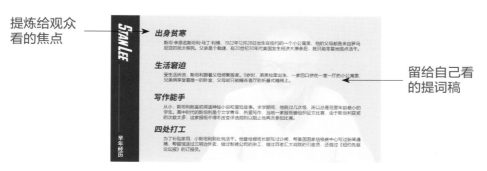

▲ 文字不减反增，但内容的传递效果却比上面的版本好很多

别让修饰喧宾夺主

对于那些文字内容本来就偏少的 PPT 而言，很多新手出于对白背景的本能排斥，总想着在页面上加入各种装饰，为背景填充上图片或纹理，最终的结果就是幻灯片看似内容充实但却反而影响了观点的传递。

▲ 来源：百度文库《小青蛙找家》课件 PPT

　　如上面这页课件 PPT，页面上充斥着各种各样的装饰成分：背景底色、背景图案、前景图案。背景分荷花和山峰两类，前景又分花与蝴蝶、文房四宝两类，整个页面混乱不堪。相比之下，下面这样的设计虽然简单，但却能让人把注意力放在文字上，荷叶、水泡等装饰元素营造出来的场景也更适合主题。

文字才能明确观点

　　大数据时代流行图解数据，但在工作中，表达观点的最佳载体往往还是文字。不仅是因为成本低，最重要的是，不容易引起误解。

　　Jesse 老师曾经发过一条微博，对 PowerPoint 2016 工具栏中的图标展开了"吃货流"的联想。如果不配文字，相同的图标就可能有不同的解读法。

▲ 抽象图标的含义很大程度上看使用者如何去解释它

图片亦是如此，对于一些全图型设计的 PPT 页面，一旦图片带来的联想和演示者预期不同，演示者就不得不花费更多的时间来收拢听众的注意力，这样的配图未必就能够帮助大家更好地理解演讲内容。

下图是一张 2010 年泰国海啸后的照片。一名青年回到家园，浸泡在漂满了房屋残骸的水中希望能够找到一些尚可使用的物品。如果没有明确的文字说明，有多少人看到照片后会误以为这是一个被活埋的平民呢？

5.3 文字美化：字体与字号

在上一节我们谈到了文字的重要性。哪怕文字是如此之重要，但我们却仍然提倡做 PPT 要"用图说话"，这其中很大的一个原因就是我们人类是视觉型动物，**直观的图像对大脑的刺激要比抽象的文字更加强烈**。

但即便如此，也并不意味着我们可以完全可以对文字不管不问。合理地对文字进行美化，同样可以营造出强烈的视觉刺激，有时仅仅是更换字体、调整字号就能让 PPT 改头换面。

如下面这个案例，左侧的页面完全称不上是 PPT，而右侧的页面已经能够给人极简风格海报的感受。

使用宋体、18 号字　　　　使用思源黑体、思源宋体
　　　　　　　　　　　　字号大小随文字权重变化

▲ 仅仅调整字体字号就可以带来视觉效果上的巨大差别

　　如果你正在使用 2013 版以上的 PowerPoint 版本，默认的"等线"字体就不错，如果是低版本的 PowerPoint，"微软雅黑"也是个百搭的选择。

　　要是担心版权方面的问题，谷歌出品的"思源黑体""思源宋体"，去年 4 月份阿里出品的"阿里巴巴普惠体"等字体都很不错。

　　不同的场合适用的字体也各不相同，用对字体可以大大提高 PPT 的表现力。关于这点我们在前面的章节已经强调过，这里不再赘述。

5.4 文字美化：颜色与方向

　　除了字体字号，文字的颜色也可以对文字内容起到美化的作用。如上一节中我们制作的那张极简风 PPT，如果给"10 万用户"加上显眼的颜色，就更能先声夺人，牢牢抓住观众的视线。

▲ 使用显眼的红色强调重点部分文字

反过来说，如果我们有需要弱化处理的内容，就可以将其设置为容易被忽略的灰色，反衬出其他文字的重要性。这种手法在章节页中经常被用到。

白色文字代表"高亮"，结合色块表现出当前正讲到此部分

灰色文字代表"未激活"，代表已经讲过或还未讲到的部分

▲ 使用易被忽略的灰色弱化次要部分文字

除了使用颜色来强调或弱化文字，我们有时还会为文字加上渐变色来增加文字的立体感或质感。

渐变文字营造空间立体感

渐变文字营造鎏金质感

除了在颜色上做文章，我们还可以尝试改变文字的方向。如斜向放置文字，提升文字的冲击度和动感。

又或是结合中国风素材，将文字纵向排列，营造出古香古色的韵味。

5.5　文字美化：三维效果和三维旋转

前面我们给大家展示了文字的几种基本美化手段，接下来我们再来看一种相对特殊的美化方法——三维效果和三维旋转。

三维效果及旋转可以塑造出文字的体积感——厚重的三维效果时常在政务风的封面标题中使用，让标题掷地有声；而轻薄一些的三维效果则常见于当下火热的 2.5D 风格设计，结合插画素材营造出时尚感。

▲ 三维立体文字的两种最常见的用法

下面还是通过实践来感受一下文字是如何设置三维效果和三维旋转的。

⚙ 用三维效果和三维旋转打造 2.5D 立体文字

在 PowerPoint 中，三维效果和三维旋转通常会联合起来使用。三维效果决定了对象的三维样式、材质、光照，而三维旋转则决定了对象在 X、Y、Z 三个坐标轴上旋转的角度，以及对象的三维透视效果。

首先，使用文本框工具输入文字"斜向 2.5D 立体效果"，为其设置一个笔画较粗的字体，这里我们使用的是免费可商用的"思源黑体 CN Heavy"。

斜向2.5D立体效果

拖选文字，单击右键，选择"设置文字效果格式"打开文字效果设置对话框，就可以看到设置三维格式和三维旋转的位置。

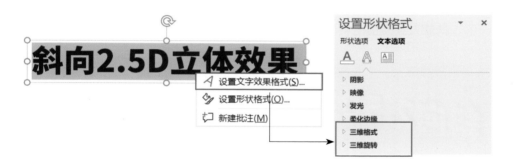

展开三维旋转设置组，单击"预设"，选择"平行"分类中的"离轴"效果，使文字产生旋转。

展开三维格式设置组，为文字设置 12 磅的"深度"值，此时我们就能明

显地看到文字产生了立体感。

侧面颜色（未指定时随文字颜色）

　　由于我们并未单独设置"深度"的颜色，因此当前深度的颜色与文字颜色相同，都是黑色，导致我们很难看清文字立体效果的细节。参照前面的案例效果，将深度设置为紫色，文字颜色更改为白色，再用蓝色的背景色反衬一下，就能大致模仿出斜向 2.5D 封面文字案例中的立体文字效果了。

深度颜色决定立体文字侧面颜色

文本颜色决定立体文字表面颜色

　　在三维旋转和三维格式的设置对话框中，还有很多其他设置选项。如三维旋转中"近大远小"的透视效果（需先在预设中选择一种透视类型才能激活透视属性）、决定文字边缘效果的"棱台"设置、决定文字反光效果的"材料"和"光源"设置等。

　　以上的这些设置，因为在日常 PPT 制作过程中使用不多，这里就不做过多展开，有兴趣的朋友可以自行切换设置、调整参数，观察每个选项设置都能对文字的立体化产生什么样的影响，思考应该怎样组合搭配使用。

5.6 高手都爱用的"文字云"怎么做

　　下面这样的文字云是不是很有趣呢？你是否经常在一些大数据相关的海报、长微博、文章配图中看到它们？你知道吗？利用 PPT 也可以制作这类文字云海报！

扫码看视频

▲ @Simon_ 阿文 和 @Jesse 老师文字云教程中的案例

⚙ 使用 PPT 制作简单文字云效果

　　为了让大家快速掌握文字云的制作方法，我们先教大家学习一种相对简便的文字云制作方法，虽然效果比不上上面两个案例，但胜在方便好学。

　　不过呢，这种方法要求你的 PowerPoint 版本至少要在 2013 版以上才行，而且仅支持英文段落转文字云。如果你想制作中文文字云，又不想花太多时间学习，在本案例的最后，我们也会给你介绍一些制作文字云的微信小程序。

　　在"插入"选项卡中单击"获取加载项"，弹出 Office 加载项设置。此时我们可以看到各种各样的可以加载到 Office 里的应用程序。

Office 加载项中的应用商店

在搜索框内输入"Word Cloud"回车搜索，单击"添加"按钮下载应用。下载完成后页面右侧会弹出设置对话框，有各种选项可以设置。

在 PowerPoint 中选中一个包含英文段落的文本框，单击生成按钮，稍等片刻就会在应用顶部生成文字云图片，右键单击即可将其复制或另存了。如果不满意还可单击下方蓝色按钮刷新随机方案。

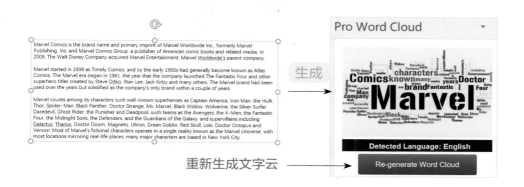

以上便是使用 PowerPoint 内置应用程序制作文字云的方法。如果你对文字云的制作特别感兴趣，想要制作本节开头阿文和 Jesse 老师制作的那种支持中文文字、可定制文字字体和云图案外形的文字云，可以到他们的微博去搜索"文字云"查看相关教程，这些文字云都是使用文字云制作工具 WordArt 制作成的。

随着微信小程序的发展，现在也出现了不少制作文字云的小程序，如词云文字、云文字和字云等。直接在微信搜索中搜索"文字云"，选择小程序分类，即可找到它们。这些工具的使用都非常简单，替大家测试了一遍之后，还是更推荐"云文字"，它和前面提到的专业工具 WordArt 功能非常相似，几乎可以看作是小程序版的 WordArt，有兴趣不妨去试玩一下。

5.7 标点还能这样用

标点符号是段落的标配，是从属的角色，但是有时候，它也可以成为强化文字的武器。如单独使用文本框输入前引号后设置字体字号、填充颜色，就是极好的装饰元素，同时还能起到引导视线、强调内容的作用。

▲ 秋叶老师公众号"秋叶大叔"文中常见的金句卡片

除了引号，逗号也是一个不错的选择。不过使用文本框输入的逗号个头太小，通常需要设置非常大的字号，用起来不是很方便。我们可以使用形状绘制中流程图分类下和逗号相似的形状直接绘制，这样"逗号"就可以成为一个相当不错的图标或文字的容器了。

5.8　文字的"艺术特效"

一提到 PowerPoint 中的"艺术字"，很多人都会想起 2003 版里那些形态扭曲、效果夸张的艺术字效果。"**千万别用艺术字**"也成了许多 PPT 高手对新人们的忠告——不得不承认，很多使用了旧版艺术字特效的 PPT 的确是没法看。

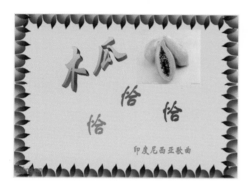

▲ 小学教学课件：滥用"艺术字"的重灾区

在现在的主流版本中，PowerPoint 虽然还保留了"艺术字"的功能称谓，但在功能上却发生了很大的变化，文字的颜色样式和形态扭曲被分拆为了两个独立的功能——艺术字样式和文本效果中的"转换"。

艺术字样式

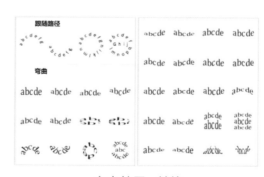

文本效果 - 转换

艺术字样式的使用很简单，选中文本框，然后挑选一种艺术字样式，就能将文字变为指定的样式。值得注意的是，如果文字笔画太细，艺术字效果就不那么明显。**如果要设置艺术字样式，一定记得使用较粗笔画的字体。**

艺术字 —→ 艺术字　　**艺术字** —→ **艺术字**

笔画太细，填充效果看不清　　　笔画足够粗，填充效果才出得来

文本效果中"转换"的使用与艺术字样式类似，也是选中文本框之后再挑选合适的转换样式使文字变形。不过在指定转换样式之后，我们还能进一步设置文字的变形效果。

以转换样式中的下波形为例，为文本框设置该转换样式后，文字便产生了波浪形状的起伏。

和秋叶一起学PPT —————→ **和秋叶一起学PPT**

选中转换后的文字，拖动橙色控点，可以控制波浪起伏的幅度和文字的倾斜度；直接拖动缩放文字边框，则可以改变文字的长宽——转换后的文字更像是形状，大小宽窄均由选框决定，而非字号。

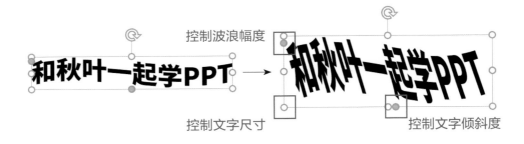

5.9　文字的图片填充与镂空处理

前面我们提到，当艺术字的笔画足够粗时，我们就可以看得清楚文字内部填充的细节效果。如果文字的字号还足够大，那我们完全可以将其打造成图片的容器，制作出生动的图片文字效果。

竞速游戏

　　文字的图片填充方法与页面背景图片填充类似，我们在第 2 章已经详细讲解过，这里不再重复。不过，你可曾想过，上图中的效果除了可以由图片填充生成，还可以由镂空文字和背景底图共同打造呢？

镂空文字层

底部图片层

　　▲ 镂空文字后可透出下层的图片，实现填充效果

　　或许有的人会心存疑惑——就算可以镂空文字、叠加图片实现填充效果，但显然是直接使用"图片填充"功能更加简单方便啊，为什么我们还要学习镂空文字的制作方法呢？

　　这是因为使用镂空法，底层背景**不但可以使用图片，还可以使用动态的视频**，这样就能制作出相当有感染力的动态文字特效了。下面我们就来试试看！

✿ 使用镂空实现动态文字效果

　　首先，插入视频素材，缩放到合适大小，必要时可进行裁剪。在视频选项中设置自动、循环播放。

新建文本框输入文字，设置好字体字号后叠放在视频上层，注意文字不能超出视频区域范围。完成后绘制一个矩形，将文本框和视频完全遮住（为了方便观看，这里为矩形设置了一点透明度）。

准备好文字

准备好矩形

将矩形设置为无边线，单击右键，将其下移一层，让文字位于顶层。

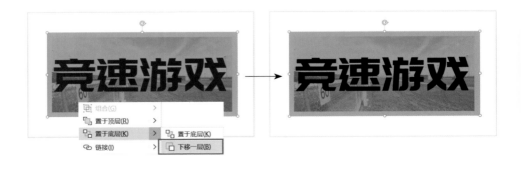

在矩形选中的情况下，按住 Shift 键，再选中文本框，进入"形状格式"选项卡，使用"合并形状 - 剪除"功能制作出镂空文字。

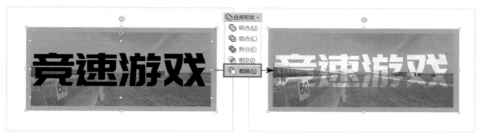

先后选中矩形和文本框

将矩形填充为白色（不透明），播放幻灯片，就能看到动态文字效果了。

5.10　化字为图：打开新世界的大门

在 PowerPoint 中，对于图片对象的一系列专属功能是无法运用于文字的，如裁剪、艺术效果、颜色亮度调节等。但我们可以剪切文字后利用"选择性粘贴"功能将文字粘贴为图片，这样就可以使用这些功能了。利用这样"化字为图"的方式，我们在文字的美化处理上就又打开了一扇通往新世界的大门。

例如，我们可以复制并裁剪文字图片，保留文字的上下部分，将空出的中间部分放上文本框，做出网络流行的"文字嵌套"效果。

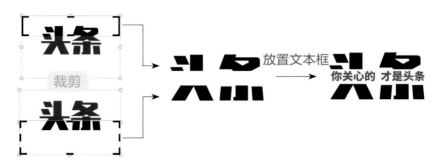

▲ 网上流行的"文字嵌套"效果的制作

　　也可以为图片化后的文字添加艺术效果以实现创意文字特效。如下面这个"睡眠变失眠"的创意效果，就是将 sh、u、imian 三部分文字（其中 u 为灰色）分别剪切粘贴为图片，然后为图片 u 添加虚化实现的。

艺术效果中的"虚化"效果

5.11　字图结合：要生动也要创意

　　上一节的"化字为图"是把文字整体变成图片后加以处理，如果我们只是把一部分文字变为图片或图标呢？

把"2019"中的"0"变为小猪图标

把"时"字中的一点变为钟表指针

把文字和与之相关的图标相结合，不但美化了页面，也提升了文字的表现力，深化了主题。

在上面的两个案例中，左侧案例用小猪替换数字"0"几乎没有难度，我们甚至可以干脆不输入数字"0"，留出空位就行；但右侧案例我们是如何用指针替代"时"字中的"丶"的呢？

扫码看视频

✿ 利用"合并形状"制作创意文字

上一个案例，我们使用了"合并形状"中的"剪除"模式来制作镂空文字。在这个案例里，我们要用的是"拆分"模式。关于"合并形状"功能的其他模式，我们会在后面讲述形状的章节里系统介绍。

首先还是插入文本框、输入文字，然后设置好字体字号及颜色等外观属性。

庞门正道标题体
115 号字，白色

在文字一旁任意绘制一个形状，然后按住 Shift 键，先后选中文本框和形状，进入"形状格式"选项卡，选择"合并形状 - 拆分"。

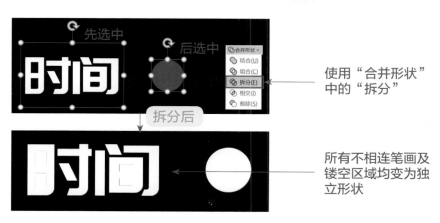

使用"合并形状"
中的"拆分"

所有不相连笔画及
镂空区域均变为独
立形状

移除不需要的形状，使用圆角矩形绘制指针，组合后放置到文字上即可。

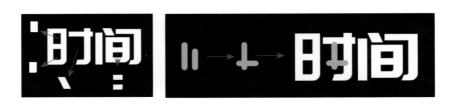

5.12 文字描边：手动打造效果更佳

在 PowerPoint 中，我们可以选中文本之后进入"形状格式"选项卡，为文字添加描边效果。

看起来效果还不错吧？可是如果我们想要把描边效果变得更显眼，增加文本轮廓的磅值的话，就会出问题了——文字的轮廓会同时向文字内外扩展宽度，一些比较纤细的笔画直接就会被轮廓"吞掉了"。

| 0.75 磅 | 1 磅 | 1.5 磅 | 3 磅 |

怎么办呢？我们需要手动改造一下描边的过程，实现"曲线救国"。

⚙ 手动描边打造"钢铁侠"文字特效

首先，使用文本框工具输入"IRONMAN"字样，推荐切换为英文大写状态进行输入。已经完成输入的，也可以单击开始选项卡字体功能区的"更改大小写"功能将文字切换为全大写，然后设置为 Impact 字体、180 磅。

将文字设置为渐变填充，角度为 255°，渐变色方案如右下图所示。

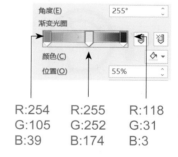

将文本框复制一份，设置文本轮廓为深灰色实线，宽度为 20 磅，连接类型为"棱台"，设置完毕后右键置于底层。

为原文字添加向下阴影，然后将两个文本框上下、左右居中重叠对齐即可。

5.13　线条与形状：文字美化好帮手

除了前面学习的这些对文字本身造型进行改变的美化手段，我们在排版中还经常会使用线条和形状来辅助文字的美化。有时仅仅是简单加上一条修饰的线条或是放置一个或数个陪衬的矩形，文字的呈现效果就会立马不同。

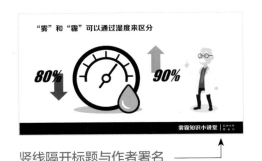

竖线隔开标题与作者署名

放置矩形引导章节标题

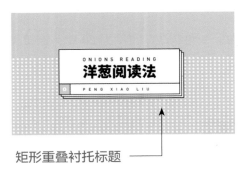

矩形重叠衬托标题

横线分隔开标题和内容

看完上面这几个案例，你可以脑补一下——假如去掉这些线条或矩形元素，页面会变成什么样子？显示效果与当前效果又有什么不同？哪一种效果更好？

再仔细看一遍这 4 个案例中直线和矩形的用法，说说看——**这些形状和线条的绘制方法从技术角度来讲困难吗？**你制作 PPT 时有没有这样使用它们的习惯？如果没有的话，又是什么原因导致的呢？

5.14　PPT中的线条

　　在上一节我们聊到了线条和形状在排版中对文字的辅助作用。接下来我们就来详细聊一聊 PPT 中的线条。

线条在排版中的作用

　　线条是很多新手在制作 PPT 时容易忽略的元素，比起线条，他们更喜欢使用形状，为其设置各种渐变和立体效果。一个可能的原因是人们总是羡慕自己尚且不能掌握的东西。那些立体、渐变效果经过了层层设置才调节出来，感觉很高大上，能让 PPT 显得比较有技术含量。而线条……仿佛太小儿科了。

　　真的是这样吗？你有考虑过线条还有下面这些作用吗？

引导视线	传递情感
划分区域	串联对象
制造空间	强调重点
改变方向	修饰美化
表达力量	创建场景

▲ 线条在排版中的常见用途

　　注意到了吗？在上面这张图里，也出现了对线条的运用——绘制两根与背景颜色相同色系的线条，但设置深、浅两种不同的明度。当这样两根线条邻接摆放到一起时，就营造出了凹陷刻痕缝隙的视觉感受。

线条的可调节选项

PowerPoint 为线条样式提供了大量可调节选项，随意绘制一根线条，单击右键，选择"设置形状格式"，即可打开线条样式设置对话框。在这里，可以看到各种可调节选项。

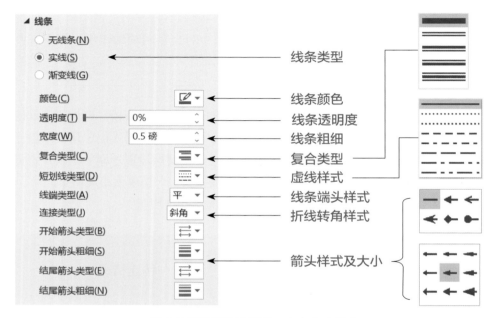

▲ 线条的可设置项非常多，自定义度极高

在所有选项中，最让人摸不着头脑的恐怕就是"线端类型"和"连接类型"了。线端类型包括"平、圆、方"3 种，连接类型包括"斜角、圆角、棱台"3 种，前者对线条的端头生效，后者对折线转角处生效，加粗才能看清。

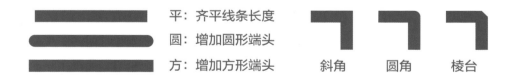

线条的绘制工具

打开绘图工具下拉菜单，我们可以看到一系列绘制线条的工具，这些工具绘制出来的图形都属于线条，受到线条可设置项的控制。

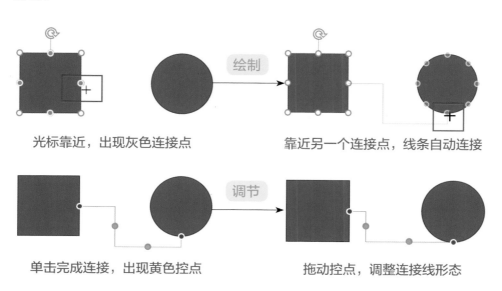

直线是大多数人都会用的线条工具，我们重点介绍一下后面几类不那么常用的。

首先是"连接符"类型的线条，当你选中这一类线条时，控制光标靠近对象，对象边缘会出现自动吸附的连接点，按住左键拖动鼠标，线条就会从连接点延伸出来，移动光标靠近另一个对象的连接点，单击鼠标左键，就可以轻松地在两个对象之间建立连线，绘制完之后还可以通过控点调节连接线形态。

绘制

光标靠近，出现灰色连接点　　　　靠近另一个连接点，线条自动连接

调节

单击完成连接，出现黄色控点　　　　拖动控点，调整连接线形态

其次是自定义线条或形状类别的工具，包含曲线、任意多边形、自由曲线3种。

曲线的使用方式是单击鼠标左键、移动到下一个位置再单击、再移动、再单击……PowerPoint 会根据你的落点和鼠标移动自动计算生成一条流畅的

曲线。想要结束绘制时按 Esc 键即可。

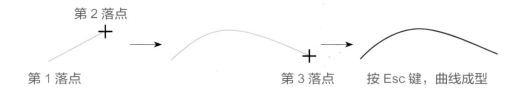

自由曲线的使用方法则是单击并按住鼠标左键，像使用画笔那样绘制出随意的线条，释放左键自动结束绘制，生成曲线。**由于鼠绘非常难于操控，自由曲线很难绘制得平滑顺畅**，故这种线条使用得相对较少。

任意多边形是曲线和自由曲线的结合——按住鼠标左键不放，绘制出来的是自由曲线，但绘制完毕后不会自动结束绘制，需要按 Esc 键手动结束；单击、移动、再单击，绘制出来的是折线，同样按 Esc 键后绘制才会结束。

最后，无论哪种自定义线条，**当绘制终点回到起点时均会闭合生成形状**。

5.15　触屏党的福音：墨迹绘图

过去，我们可能很难单凭鼠标在 PowerPoint 里画出像样的手绘。但在高版本的 PowerPoint 里，触摸绘图功能得到了很大的强化，如果你的电脑是 Surface 这样的触屏设备，使用触控笔就能在 PPT 里进行手绘了。

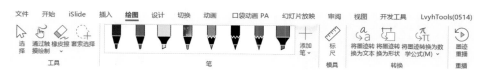

▲ 功能丰富而强大的"绘图"选项卡

自由曲线连简笔画都很难画好

Surface 触控笔却可以画漫画了

如果你想要绘制一些基本的图形，只需单击打开"将墨迹转换为形状"开关，在 PPT 页面上随手一画，抬笔瞬间，这些笔迹就会自动变为标准的几何图形；而"将墨迹转换为数学公式"则更是理科老师们的福音。

使用不同的"笔"进行绘图，我们可以得到各种样式各种效果的线条。单击下拉菜单还能对笔的颜色类型进行定制。

单点击"添加笔"，则可以新增并保留一款自定义设置的笔触。

如果想要手绘直线，还可以打开"标尺"功能，一只手双指分开旋转调整虚拟直尺的角度，另一只手则"依靠"着这把尺子绘制出直线。

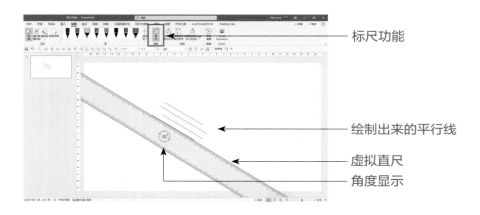

如果你也使用触屏笔记本电脑，一定不要错过这些强大的功能！

5.16   线条的10种常见用途

在线条部分内容的最开始，我们提到了引导视线、划分区域等 10 种线条的常见用途，现在我们已经学完了线条的绘制方法，接下来就一起看一些使用线条元素的 PPT 案例，想想看该如何完成案例中线条的绘制吧！

引导视线

在阅读时，人们容易被线条方向所引导，因此，我们在制作 PPT 时可充分利用这一点，让观众跟随线条的方向移动视线，时间轴和箭头的使用就是很好的案例。

▲ 来源：iSlide 图示库免费图示模板

在一些中国风的 PPT 里，当我们需要邻接放置多列竖排文字时，也可以使用竖线来引导观众视线，分隔不同列文字，避免大家习惯性地从左向右横读。

划分区域

划分区域可以说是 PPT 中线条最常见的功能之一了。前面我们在讲到使用线条和形状辅助文字时就已经举过相关案例，本页上方两个"引导视线"的案例模板中，标题和内容区域也是靠线条来划分开的。除了使用开放的直线，封闭的线条形状也能起到相同的作用。

▲ 来源：iSlide 图示库免费图示模板

制造空间

在下面这幅图里，画面中的汽车其实是和背景在同一个层面的，可只要给它合理地加上一些线条，就能让它像是要冲出纸面一样栩栩如生。

▲ 合理为 2D 图画加上线条就能打造出 3D 般的效果

如果你有仔细阅读本书内容的话，一定会想起我们在上一章"对象的层次、遮挡与选择"一节中举过类似的例子，只不过当时"打断"线框的是标题文字，而不是图片的一部分画面。

改变方向

在"引导视线"部分，我们给出的案例都是线条沿着一个方向延伸。如果线条在延伸过程中转弯，观众也会自然跟随线条走向改变视线移动的方向。我们只需再配合上恰当的切换动画，就能做出连贯流畅的视觉效果来。

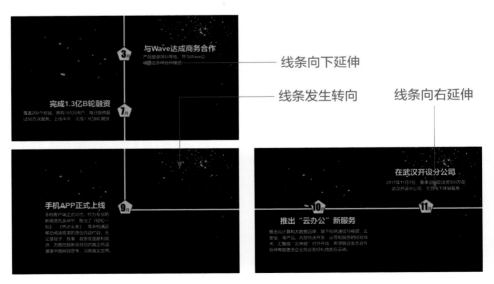

▲ 来源：网易云课堂《秋叶 Office 三合一》课程案例

表达力量、传递情感

因为可以被设置为不同的样式和粗细，线条也就拥有了表达力量的可能。想要表达力量弱小，可以使用较小的磅值、较浅的颜色、选用虚线甚至曲线，而想要表达力量强大，就可以反其道而行之。

同样，线条还能传递情感。回想我们小时候画的那些简笔画，是不是要表达一个人颤颤巍巍站不稳，都会在他的腿部加上一些曲曲折折的的短线？如果你有绘画基础的话，一定对这部分的内容理解更深。

▲ 线条在插画素材中起到了表达力量、传递情感的作用

串联对象

线条串联对象的作用在图示中体现得最为广泛，单击"插入 -SmartArt"，切换到"层次结构"类目，就能看到各种线框组合的 SmartArt 图形。在线条的串联下，同样是矩形框却能表达出不同的层次和从属逻辑——还记得吗？上一章最后一个案例就是这样用线条串联对象的例子。

▲ 线条能结合对象的位置表达出对象之间的从属关系

强调重点

线条用于强调重点的例子，任何一个上过学的小朋友应该都能举出来。对，就是在课本上"勾画重点"，PPT 里我们也常用这一招。

用较粗的线条强调正在讲解的部分

▲ 线条起到了强调重点内容（Stage 3）的作用

修饰美化、创建场景

线条还可以起到修饰美化和创建场景的作用，下面这两份 PPT 封面，一个使用了变换的曲线把原本大面积空白的页面变成了一张柔软的画布，一个则使用线条绘制出田字格，创造出在田字格里书写文字的场景。如果去掉这些线条元素，页面就变得平淡甚至丑陋了。

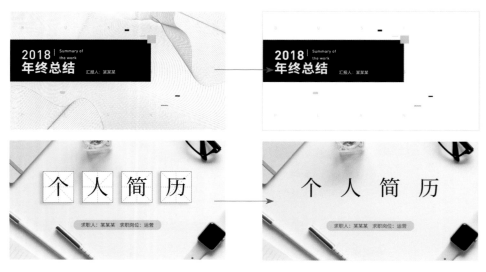

▲ 线条的有无可能会对页面的美观度起着决定性的作用

你还在滥用PPT形状吗

　　形状也许是 PPT 中被滥用得最多的修饰元素。Jesse 曾经在学校担任过一段时间的《中小学音乐课件制作》课程教学老师，为了考查学生们的 PPT 制作水平，第一周课结束后给学生们布置了一份"一页纸"PPT 的作业，给了他们一段文字材料要求他们制作成 PPT，且不能套用模板。结果收到的作业有好多是下面这个样子的。

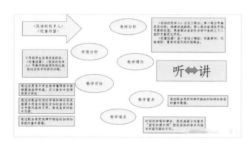 

▲ 滥用形状元素的 PPT 新手作品

　　在禁止使用模板的规定下，新手们面对文字材料往往**想不到分析内容逻辑、按照文字内在联系进行排版**，但又觉得总应该加入点什么文字材料里没有的、视觉化的元素，才像是在做 PPT，而不是"Word 搬家"。于是他们就开始一个接一个地画框框、画圈圈，加入各种形状来"充实版面"。

　　但是，为什么要使用这个形状，而不是那个形状？为什么要把这个形状的尺寸画到这个大小，而不是更大或更小？为什么要把这个形状放在左上角，而不是右上角？这些问题你都想过吗？

　　如果自己都说不出来个所以然，只是凭感觉随意地选择一种形状、拉出一个大小、丢到某个位置，这种做法必然就是"滥用形状"。

　　只有在使用形状之前就从逻辑上考虑好自己当下的目的和表达需求，再根据这种需求来选择形状并时时保持克制，才能让形状成为文字表达的好帮手。

　　与前面两个满篇杂乱画框的作业不同，下面这份作业就能让我们感受到什么叫"**根据表达需求来挑选形状**"——哪怕它仍然使用了过多的形状，但至少看得出来一些逻辑依据。

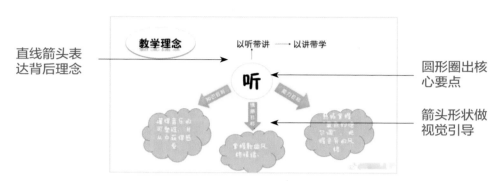

直线箭头表达背后理念

圆形圈出核心要点

箭头形状做视觉引导

▲ 新手气息浓厚，但基本做到了按需使用形状的作业

在这份作业里，学生不但通过"箭头形状"引导出了知识目标、情感目标、能力目标3项内容，而且还用相对纤细的"直线箭头"，展示出了教学目标背后蕴藏的教学理念，体现出了与3大目标不同的层级关系。

根据原作意图，我们只需调整选用合适的形状、稍作修改美化，就能得到一份逻辑清晰、版面整洁的PPT了。

教学理念放入圆角矩形

外围用矩形做装饰

箭头形状做视觉引导

直线对总分结构分区

矩形框分隔出3大目标

5.18 PPT形状美化都有哪些手段

前面我们学习了一系列文字和线条的美化方法，那么对于形状而言，想

要美化又应该从哪些方面入手呢？我们给大家总结了以下几种手段。

多做尝试

打开 PowerPoint 中的形状列表，你会发现这里有数十种不同的形状可供我们选择，只要把握好尺度，注意当前页面或整个 PPT 的协调统一，我们可以多尝试使用不同的形状，以及利用它们进行更多的变化，而不是仅仅只会使用矩形、圆形、三角形、箭头等少数几个基本形状。

▲ 利用圆角矩形变化制作出操作提示标签

利用好部分形状可调节控点的特性，我们可以最大限度地发挥形状的潜力。

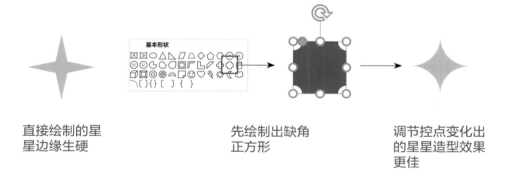

直接绘制的星星边缘生硬

先绘制出缺角正方形

调节控点变化出的星星造型效果更佳

调整轮廓

默认绘制的形状都带有一个形状轮廓，大多数人的操作是**将其设置为"无轮廓"，这也是业界公认的基本操作**。但如果你有一点探索精神，选中绘制出来的形状，打开形状轮廓色设置，就会发现轮廓颜色其实是与填充色同一色系的更深的颜色。

因此，当我们改变填充色时，只要同步修改轮廓线颜色为填充色同色系颜色，同样可以让轮廓色和填充色"和平共处"，并不是一定要设置为无轮廓。

▲ 同步修改形状的填充色和轮廓色使二者匹配

除了调整边缘的颜色，我们还可以调整线条的粗细，将线条的类型设置为虚线等。

调整填充方式和透明度

PowerPoint 中绘制的形状默认采用纯色填充，如果你还想使用其他类型的填充方式，可以右键单击形状，在弹出的菜单中选择"设置形状格式"，在这里我们可以看到渐变填充、图片或纹理填充、图案填充及幻灯片背景填充等多种填充方式。

不同的填充方式有不同的效果，也会对应不同的细节设置选项，推荐大家结合实际案例对这些功能逐一尝试了解，这里只介绍"**幻灯片背景填充**"这种比较特别的填充方式。

所谓"幻灯片背景填充"，顾名思义就是使用幻灯片背景对形状进行填充，填充的内容取决于形状所在位置的幻灯片背景内容。

无论我们将形状移到哪个位置，形状内的图像均与当前位置的背景相同，但这又不是简单的"无填充"——哪怕形状下层还有其他对象，也无法"遮拦"背景的透出。

移动圆形，形状内图像会同步变化　　　下层矩形无法遮拦背景图像的透出

利用"幻灯片背景填充"的这个特点，我们可以在页面背景为图片时也轻松做出矩形缺口效果。

第 4 章讲的遮挡法不适用于非纯色背景　　　为矩形设置幻灯片背景填充轻松搞定

除了上面提到的"幻灯片背景填充"和"图案填充"，其余 3 种填充方式均可以设置形状透明度。

为形状设置透明度是 PPT 制作过程中使用频率比较高的功能，如一些全图型的 PPT，如果把文字直接压在图片上，是很难看清的。这个时候只需在文字下层放置一层半透明的矩形，把文字改为白色，文字就能看得很清晰了。

▲ 半透明矩形对背景图片"降噪"以凸显文字

　　除了纯色填充的形状，对形状进行渐变填充也时常会用到设置透明度的功能，如将相同颜色的渐变光圈设置上不同的透明度，用来制作渐隐的自然过渡效果。当我们找到的图片宽度不足填充页面，缩放裁剪又会导致画面内容缺失时，用设置了渐隐效果的矩形对画面边缘加以覆盖就可以很好地解决这个问题，既确保了画面内容的完整，又让画面与背景巧妙地融为一体。

⚙ 调节矩形渐变与透明度融合图片及背景

　　下图是我们将找到的图片素材放置在页面上的效果。不难发现如果直接放置，图片无法覆盖完整个页面；而放大后覆盖，图片又无法显示完整，前景的树木只剩下几个树梢，构图受到影响。

　　我们可以在页面插入一个与页面等大的矩形，将它设置为渐变填充，只保留两个渐变光圈，且均设置为黑色，渐变角度改为 0°。

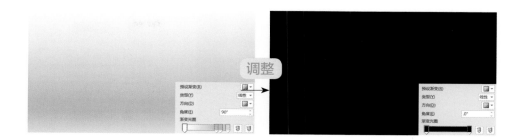

选中左侧渐变光圈，将它的透明度设置为 30%，这样我们就制作出了一个从左向右由略微透明过渡到不透明的黑色渐变矩形。向右移动左侧渐变光圈的位置到 35% 位置，然后向左移动右侧渐变光圈直至看不到明显的图片边缘。

全选图片和矩形，将它们剪切后填充为页面背景（图片填充 - 来自剪贴板），接下来就可以制作页面的前景内容了。

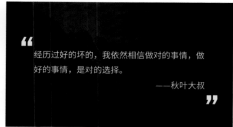

这套方法中渐变色的设置，其实有很多种选择，黑色的透明度渐变只是其中一种方案。如果不打算在页面上放置太多的文字，还可以从图片中取色设置渐变，将文字放在渐变矩形的不透明一端进行排版。

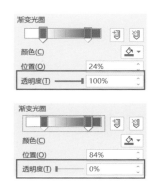

调整形状效果

PowerPoint 中的形状可以添加各种不同的效果，包括阴影、映像、发光、柔化边缘、三维格式、三维效果等。推荐大家结合 PPT 的实际需要去尝试使用，但请一定记得克制，不要设置太多效果，以免喧宾夺主。

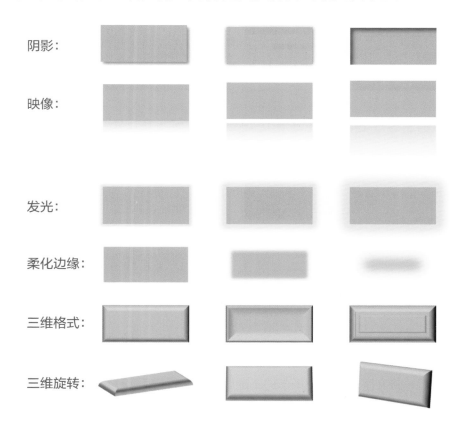

形状的效果如果使用得当，还能营造出一些特殊场景，下面来看一个案例。

⚙ 巧用"柔化边缘"打造切口效果

看看下面这样的切口效果，像不像是把 PPT 背景切开了一个小口子，让信用卡从切口里钻出来呢？这其实就是使用形状的"柔化边缘"做出来的特效。

扫码看视频

信用卡从背景里"钻出来"

首先，在页面上斜向放置好信用卡图片素材，然后绘制出一个长长的椭圆，填充深灰色，设置为无轮廓；选中椭圆，设置 30% 的透明度，添加 25 磅柔化边缘，然后剪切、选择性粘贴为图片。

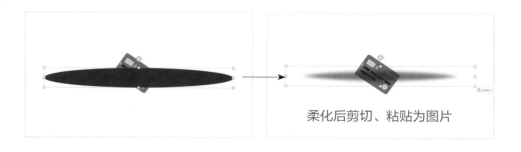

柔化后剪切、粘贴为图片

　　这里要提醒大家注意：柔化边缘使用的是绝对磅值，而反应出来的却是相对效果——如果对象很大，25 磅的柔化边缘对于它而言可能只有一点点柔化效果；而如果对象很小，25 磅就有可能把它一半的面积都柔化消失掉。因此具体柔化多少磅值合适，要通过对实际效果的观察来确定，切不可生搬硬套。

28cm 长的椭圆作 25 磅柔化边缘　　　　　18cm 长的椭圆作 25 磅柔化边缘

　　使用裁剪功能，将已经变为图片格式的柔化椭圆裁剪掉下边儿一半，保留上一半并垂直压缩图片的高度，切口效果已经呼之欲出了。

裁剪　　　　　　　　　　　　　　　　　　压扁

　　绘制白色矩形遮住信用卡下半部分，再完成页面上标题、Logo 等其他元素的制作，就大功告成了！

矩形遮挡
（设置透明是为了方便观看）　　　　　　　　完成制作

5.19 圆滑曲线形状绘制的奥秘

在学习线条部分的内容时，我们讲到曲线、任意多边形、自由曲线 3 种
自定义线条路径封闭后可以生成形状。那么，如果希望你临摹出下面这个曲
线形状，你会选择哪款工具呢？

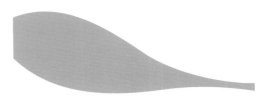

▲ 你会选择哪个绘图工具来临摹上面的图形？

相信有很多朋友都会毫不犹豫地选择"曲线"工具——顾名思义，曲线
工具不就应该是拿来绘制曲线形状的吗？

但只要你真正尝试一下就会发现，使用曲线工具并不能完美复刻上面的
形状。这是因为使用曲线工具时，曲线的弯曲形态与描绘落点位置有很大关
系——**在 *A*、*B* 落点已固定的情况下，当前落点 *C* 与前一落点 *B* 之间的距离，
还会影响落点 *A*、*B* 之间的曲线形态。**这就导致我们为了贴合原形状边缘不
得不频繁布下落点，最终结果就是曲线不够圆滑。

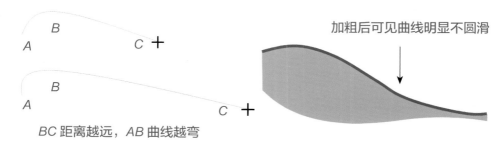

BC 距离越远，*AB* 曲线越弯

▲ 曲线工具绘制的曲线是程序自动计算的，很难精确掌控

正确的做法是使用"任意多边形"工具，先绘制出曲线形状的框架，再

利用"编辑顶点"工具将直线调整为曲线。

扫码看视频

✿ 用"任意多边形"+"编辑顶点"临摹曲线

使用"任意多边形"工具顺时针沿被描摹形状边缘布下落点并回到起点，勾勒出基础的任意多边形形状，为形状设置一定的透明度。注意最小化落点数量——每一段 S 形弧线由 3 个落点构成，每一段 C 形弧线只需 2 个落点。

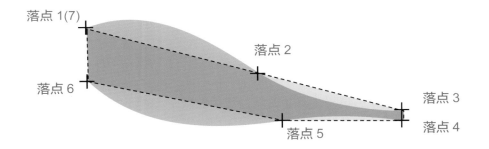

右键单击绘制出来的任意多边形，进入"编辑顶点"模式，然后右键单击上下两段 S 形弧线的中点落点，将它们设置为"直线点"。

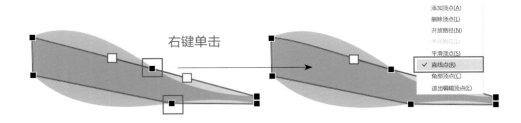

拖动中间顶点两侧的控制手柄，变化手柄的长度和角度以调整曲线的走向，使曲线尽可能与需要描摹的曲线吻合（调整时会出现供参考的虚线）。

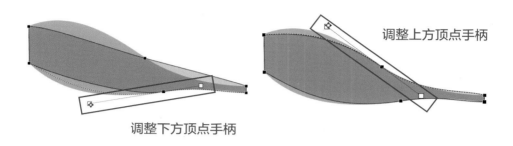

调整下方顶点手柄

　　逐一调整形状左右两端四个顶点的手柄，使当前形状的边缘与需要描摹的形状边缘完全重合，必要的时候可以调节修正中间顶点手柄的状态进行配合。

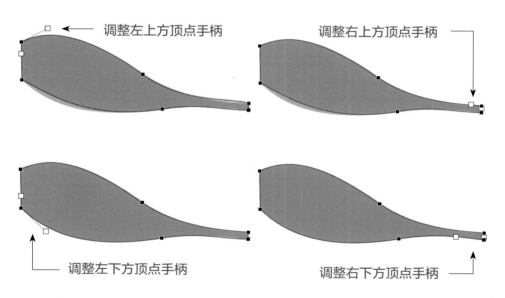

　　完成形状描绘后，将形状透明度恢复为默认不透明状态即可。

5.20　神奇的"合并形状"功能

　　从 PowerPoint 2013 开始，微软新增了一套"合并形状"功能，这组功能在"形状格式"菜单下，只有当我们选中多个形状、文本框或图片时，功能才会被激活。利用"合并形状"功能，我们可以方便地完成各种几何形状的子交并补运算，从而快速地绘制出你想要的任何形状。如果你有留意的话，我们在前面制作创意文字"时间"的实例中就用到了合并形状的功能。

合并形状的 5 种模式

"合并形状"包含了 5 种不同的模式，对应了 5 种对不同形状的布尔运算方式，因此也有很多人把这个功能叫作"布尔运算"。进行合并形状操作时，**选择对象的先后顺序对最终结果有较大的影响。**如"剪除"模式，合并形状后剩下的是先选对象未与后选对象重叠的部分。另外，无论哪种模式，合并形状后生成的形状都会延续先选对象的颜色属性等（以下均为先选蓝色圆形）。

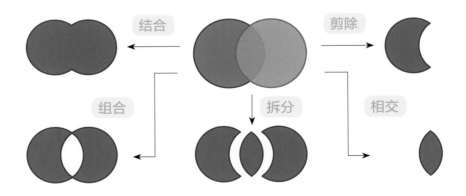

在最新版的 PowerPoint 中，合并形状的操作不仅能在形状之间进行，还能在形状与文字、形状与图片、文字与文字、文字与图片之间进行，功能的适用场合得到了极大的拓展。

如用图片和圆形相交，可以快速制作出适合人物介绍页面使用的人物圆形头像。

用图片和形状剪除，可以留下图片的一部分，这样制作"切口效果"等特效时，就不必用白色矩形来遮盖，也就不会留下"露馅"的隐患了。

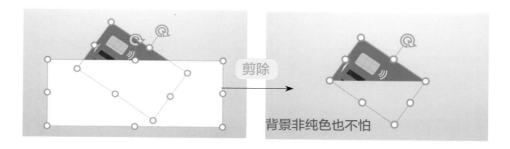

把"合并形状"和"编辑顶点"功能练到炉火纯青，看到一个特殊的形状，脑子里面就能快速地反应出该形状可以用哪些基本形状通过"合并形状"与"编辑顶点"功能变形搭建出来，这才算是彻底掌握了 PPT 中的形状使用技巧。

5.21 形状美化：常见的美化手法

学习了形状的各种属性设置和变化方法，本节我们来看一看都有哪些常见的利用形状对幻灯片进行美化的方法。

形状与线条结合

这种最常见的手法，我们在前面的章节里已经提到过，这里不再重复，只要你注意观察的话，就一定能发现数不尽的案例。

不同形状结合

在 PPT 的页面设计中，我们也有可能会根据需要使用不同的形状来表示不同的含义，如下图中就使用了不同的形状来充当不同类别内容的"容器"。

▲ 来源：iSlide 插件案例库免费案例模板

相同形状阵列

有时我们甚至无须变化形状类型或大小，直接使用单一形状进行罗列就能做出不错的效果。SmartArt 中就有不少图示是通过这种方式构建起来的。

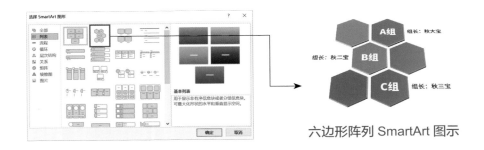

六边形阵列 SmartArt 图示

利用形状划分版面

在一些扁平化风格的 PPT 里，形状还常常被用来划分和切割版面。

▲ 来源：iSlide 插件主题库会员主题模板

除了上面提到的这些用法，我们还可以为形状添加半透明效果或填充上不那么显眼的颜色，放置在页面底层充当页面的装饰成分。

大多数时候，形状的使用都非常简单，基本上可以说是看了就会，但很多人的问题在于"没想到可以这么做"，所以一定要多看多练手、积累经验。

5.22 PPT中的表格你真的会用吗

大部分人制作 PPT 时很少会注意到表格，即使用到表格，大概率也就像下面范例一样，用一个默认的表格样式了事。

团队成员	职务	专业	学位	负责事务
秋叶	书记、院长	工程学	博士后	该培训项目的总体协调
秋大宝	副书记	经济学	博士	该培训项目的具体组织实施
秋二宝	副院长	管理学	博士	后勤保障、师资联系、接待
秋三宝	院长助理	工商学	博士	培训教学组织
秋四宝	辅导员	计算机	硕士	班主任工作

▲ 大多数人在 PPT 里制作表格时并没有美化表格的意识

虽然表格的作用主要是记载和展示数据信息，可 PowerPoint 毕竟是 Office 中最讲究作品视觉表现力的一员，用在 PPT 里的表格如此"原生态"可交不了差。

▲ 针对表格的功能多到必须得用上满满两个选项卡

想要美化表格，应该从哪些方面入手？在美化的过程中，可供我们使用的功能都有哪些？除了用来记录数据，表格还有些什么样的用处？这些问题你都能回答得上来吗？是不是觉得自己其实不怎么会用表格了？

5.23 表格的插入和结构的调整

一口吃不成胖子，在考虑怎么美化表格之前，还是让我们先来看看 PPT 里创建表格和调整表格结构的方法。

创建表格

单击"插入"选项卡，找到表格按钮，单击这个按钮时会弹出一个下拉菜单，里面布满了小格子——这就是在 PPT 里快速创建表格的功能。

在这个格子区域移动光标，可以迅速调整表格的基础结构，即横排多少格、纵列多少格。确定之后单击鼠标左键，表格就创建完毕了。

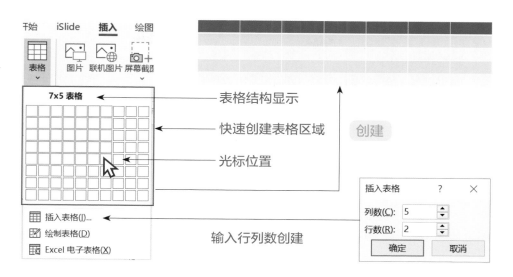

快速创建表格区域最大可以创建 10×8 的表格，如果要创建的表格要求较多的行列数，就需要使用下方的"插入表格"功能，在弹出的对话框中手动输入表格的列数和行数进行创建。

"插入表格"下方的"绘制表格"功能主要用于在已有单元格内添加对角线，直接用它来绘制表格只能画出单个单元格，因此使用频率较低。

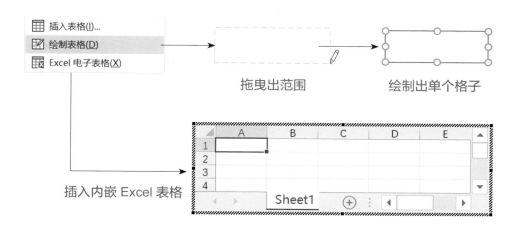

菜单底部的"Excel 电子表格"功能则会以嵌入形式插入一个 Excel 表格。关于嵌入式 Excel 表格及其特性，我们在 3.5 节已经详细讲解过，这里就不再

重复了，如果有遗忘的话，不妨回顾复习一下。

调整表格结构

如果对绘制好的表格结构不满意，想要进行调整的话，我们就要用到表格的第二个选项卡——布局。

布局选项卡的大部分命令相信大家一看就懂，例如，如何增加行和列及合并、拆分单元格等，都是比较基础的操作，这里只单独说一下对单元格的调整操作。

大多数人遇到需要调节列宽和行高的时候都喜欢直接通过鼠标拖曳的形式拉大表格，这种方式在调整行高时是没有问题的，但在调整列宽时，假设你拉动的是表格内框线，加宽左列时就会压缩右列。这样等到你需要在右列填写内容时就又需要调整列宽，否则根本写不下东西。

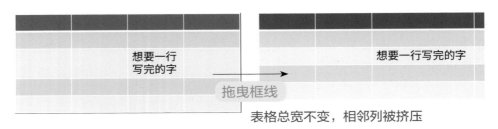

▲ 拖动调整列宽往往会改变相邻列的列宽

而如果此时拖动表格末列右侧的边框，表格又会平均地增加每一列的宽度。

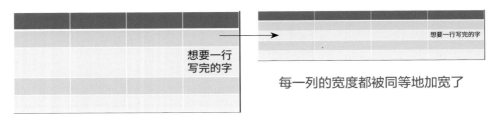

▲ 拖动表格右侧框线会均等地调节每一列的列宽

如何才能只调整某一列的宽度而不影响相邻列的列宽呢？我们可以将光

标定位到需要调整列宽的单元格内，然后在功能区输入表格列宽数值即可。

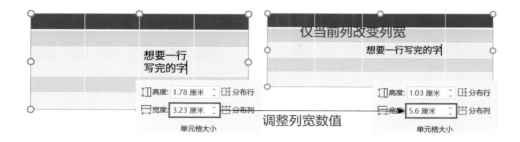

调整列宽数值

5.24 如何在表格中强调关键数据

在 PPT 中使用表格的优势在于"用数字说话"，为论点提供强有力的支撑，增强观点的说服力。但如果表格包含的数据太多而你又不会对关键数据进行强调的话，很有可能会适得其反——面对满屏幕的数字，听众们往往会因为信息量太大而跟不上演讲者的节奏。

因此，学会在表格中强调关键数据就至关重要了。下面就让我们来了解一下相关的方法。

扫码看视频

强调数据的简单方法

和在大段文本中强调关键词相同，要想在表格中强调某一部分数据，最简单的方式就是改变这部分数据的字体、字号、颜色等属性。

但由于默认的表格本身就自带底色、标题行文字加粗等设置，因此在进行强调数据之前还得先弱化这些设置对表格外观的影响。操作很简单，只需展开"表格样式"，选择"清除表格"就可以了。

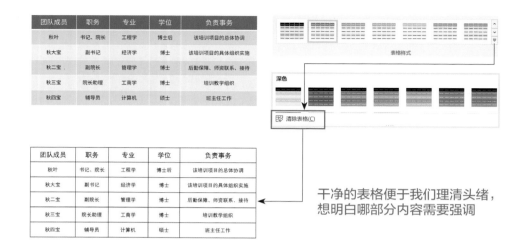

干净的表格便于我们理清头绪，
想明白哪部分内容需要强调

　　如果表格中没有特别需要强调的内容，我们可以对标题行进行强调，而无须把每个单元格都填充上颜色；甚至说标题行也可以仅用线条隔出即可。

　　乍一看要做成这个样子好像还是需要一些功夫，设置单元格填充色、设置框线的有无等，但其实根本没那么复杂。我们只需套用现成的表格样式，必要时进行一些修改即可。上面两个表格样式，左边是直接套用了内置样式，而右边则是将内置样式做了一点修改，将填充色全部设置为白色改造而来。

▲ 两秒就能完成的简单表格样式

假设在这个表格中，我们需要强调团队成员的高学历，那就可以再对表格进行修改调整。以前页末尾的表格为例，我们可以单独将学位这一列添加浅蓝色的底色。这样观众一眼就能看到我们想要强调的部分。

或者选中学位这一列，将文字的字体和颜色做一些调整，也能起到单独凸显的作用。当然，这些调整变化也要符合整个表格的整体风格，对比不能过于强烈，不能给人不舒服的刺眼感受。

团队成员	职务	专业	学位	负责事务
秋叶	书记、院长	工程学	博士后	该培训项目的总体协调
秋大宝	副书记	经济学	博士	该培训项目的具体组织实施
秋二宝	副院长	管理学	博士	后勤保障、师资联系、接待
秋三宝	院长助理	工商学	博士	培训教学组织
秋四宝	辅导员	计算机	硕士	班主任工作

团队成员	职务	专业	学位	负责事务
秋叶	书记、院长	工程学	博士后	该培训项目的总体协调
秋大宝	副书记	经济学	博士	该培训项目的具体组织实施
秋二宝	副院长	管理学	博士	后勤保障、师资联系、接待
秋三宝	院长助理	工商学	博士	培训教学组织
秋四宝	辅导员	计算机	硕士	班主任工作

▲ 关键数据的两种不同强调方法

另外，关于强调关键数据，**很多人都忽视的一点是对齐方式**。如果你的表格中存在数字，请一定使用右对齐，这样数字位数的长短差异在视觉上就会更加明显，即便是同一列的内容，也能让人一眼看出哪个数值更大。

团队成员	职务	专业	学位	创收（元）
秋叶	书记、院长	工程学	博士后	1,000,000
秋大宝	副书记	经济学	博士	88,000
秋二宝	副院长	管理学	博士	8,000
秋三宝	院长助理	工商学	博士	5,000
秋四宝	辅导员	计算机	硕士	1,000

团队成员	职务	专业	学位	创收（元）
秋叶	书记、院长	工程学	博士后	1,000,000
秋大宝	副书记	经济学	博士	88,000
秋二宝	副院长	管理学	博士	8,000
秋三宝	院长助理	工商学	博士	5,000
秋四宝	辅导员	计算机	硕士	1,000

居中对齐　　　　　　　　第一列左对齐，其余列右对齐

▲ 对齐方式不同也会带来不同的视觉体验

更有设计感的数据强调方法

如果你觉得前面我们学习的方法还不够用，那接下来就再教你一种更有设计感、更具识别度的数据强调法。

首先，还是做好基础的表格设计工作，如选择一款内置的表格样式。接下来选中需要强调的一列，按 Ctrl+C 组合键进行复制，然后按 Ctrl+V 组合键

进行粘贴，此时页面上会出现一个新的只有一列的表格。按住 Shift 键拖动表格一角将其略微放大。

将这一列表格叠放在原表格上层。原表格样式下方单元格默认无填充色，选中下方单元格后填充为白色，然后为这一列表格添加居中的阴影效果，这样该列的强调效果就非常突出了。

延续这种拆分关键数据行或列的思路，我们甚至还可以在最开始制作表格时就单独制作 3 个表格，将它们邻接地放在一起，在演示过程中再通过动画的形式独立出需要强调的列或将其放大显示等。

当然，具体的做法并不唯一，你可以把它们看作是抛砖引玉，更多更好的表格关键数据强调方法，还有待你自己去思考、开发。

独立的 3 个表格　　　　　　　通过"平滑"切换放大显示

5.25 在表格之外进行美化

一说到美化表格，大多数人可能想的是调整表格自身的各种视觉效果，很少有人会想到，表格并不是独立出现的，在表格之外我们仍然有进行美化的空间。有时候抛开固定的模板，把表格页做成独立的全图插页形式也是一种不错的选择。

如我们要制作一份豆瓣十佳影片的表格，拿到手的数据是下面这样的。

排名	影片名	上映年份	国家	豆瓣评分
1	肖申克的救赎	1994	美国	9.7
2	霸王别姬	1993	中国	9.6
3	这个杀手不太冷	1994	法国	9.4
4	阿甘正传	1994	美国	9.5
5	美丽人生	1997	意大利	9.5
6	泰坦尼克号	1997	美国	9.4
7	千与千寻	2001	日本	9.3
8	辛德勒的名单	1993	美国	9.5
9	盗梦空间	2010	美国/英国	9.3
10	忠犬八公的故事	2009	美国/英国	9.3

按照上一节讲述的内容，我们可以把表格优化成下面这个样子。

拉高标题行让文字上下留有透气的空间

排名	影片名	上映年份	国家	豆瓣评分
1	肖申克的救赎	1994	美国	9.7
2	霸王别姬	1993	中国	9.6
3	这个杀手不太冷	1994	法国	9.4
4	阿甘正传	1994	美国	9.5
5	美丽人生	1997	意大利	9.5
6	泰坦尼克号	1997	美国	9.4
7	千与千寻	2001	日本	9.3
8	辛德勒的名单	1993	美国	9.5
9	盗梦空间	2010	美国/英国	9.3
10	忠犬八公的故事	2009	美国/英国	9.3

取消了两侧框线，与背景更好地融合

加粗了底部框线与标题行形成首尾呼应

　　当表格在 PPT 页面中呈现时必然应该有一个总标题表明这个表格记载的内容，用文本框输入标题——试试和表格左对齐，而不是只会居中摆放。

豆瓣电影十佳排名				
（数据来源）豆瓣电影Top250排行榜				
排名	影片名	上映年份	国家	豆瓣评分
1	肖申克的救赎	1994	美国	9.7
2	霸王别姬	1993	中国	9.6
3	这个杀手不太冷	1994	法国	9.4
4	阿甘正传	1994	美国	9.5
5	美丽人生	1997	意大利	9.5
6	泰坦尼克号	1997	美国	9.4
7	千与千寻	2001	日本	9.3
8	辛德勒的名单	1993	美国	9.5
9	盗梦空间	2010	美国/英国	9.3
10	忠犬八公的故事	2009	美国/英国	9.3

　　根据表格内容，我们可以为页面背景填充上电影院的图片。不过，直接填充图片显然会影响数据的展现，因此在完成填充之后，我们可以再绘制出一个全屏大小的白色矩形，设置 10% 的透明度，置于底层。这样一页不错的表格数据 PPT 页面就制作完成了。

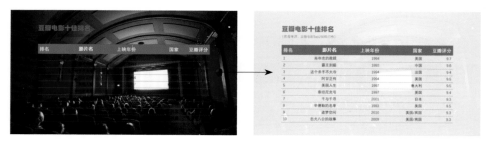

　　　填充 PPT 页面背景　　　　　　　　　　使用白色矩形衬底

　　看完这个效果，再回头看看默认样式的表格，是不是觉得高大上了许多呢？

5.26 除了记录数据，表格还能干嘛

相信大家在朋友圈里看到过用九张图片来拼成一张大图的玩法，甚至有人还把九图中的每张图又变成九宫格，最终用照片矩阵拼出特定的形状。

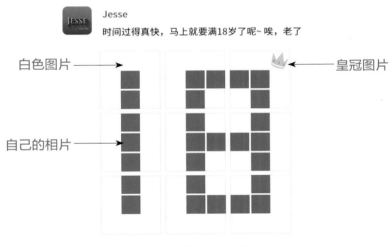

▲ 九宫格创意朋友圈原理示意图

其实在 PPT 里，表格往往也能"担此大任"，帮助我们做出颇有创意的拼图效果。下面我们就来看看怎么做吧！

扫码看视频

用表格工具制作多格创意拼图效果

首先插入需要展示的图片，然后使用快速绘制表格功能创建出一个表

格。具体创建横纵各多少个单元格需要自行判定——如果想要每张拼图大一些，单元格的数量就可以少一些，反之则设置更多单元格。

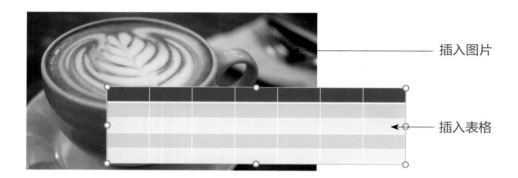

选中表格，设置单元格的长宽均为 3 厘米，将表格置于底层。调整图片大小，使其高度与表格中的某条水平框线吻合，在"布局"选项卡中删除多余的表格行；选中图片，裁剪多余的部分，让表格与图片大小完全一致。

将裁剪后的图片另存到文件夹，删除 PPT 里的这张图片，然后选中表格，在"表设计"选项卡中取消勾选"标题行"，然后展开"底纹"下拉菜单，选择"无填充"。此时因为表格的框线和幻灯片背景均为白色，表格会"消失不见"。

再次展开"底纹"下拉菜单，单击"表格背景"，选择"图片"，然后插入刚才我们保存的图片。

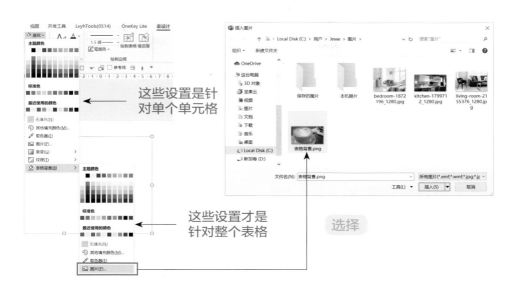

填充完毕，我们已经能够看到图片呈现出基本的多格拼图效果了。选中表格，将"表设计"选项卡中的边框线宽设置为 3 磅、"笔颜色"设置为白色，然后设置边框为"所有框线"，让方格更加明显。

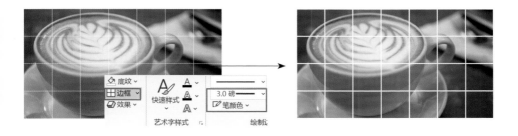

最后，选择个别单元格，将单元格填充为白色，营造出韵律感（还记得在哪里设置填充是针对单元格的吗？）。将表格搭配其他元素进行排版，文艺范儿就这么简单。

5.27 PPT图文并茂就一定好吗

很多人用 PPT 的一个最重要的理由就是 PPT 里面能配图。可是"图文并茂"的 PPT 就一定好吗？下面这两页 PPT 都称得上图文并茂，但它做得好吗？

 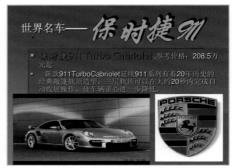

▲ 网络上一套介绍世界名车的 PPT

如果用图时在画质上不加取舍，在排版上不讲规范，仅仅是为了丰富画面、减少页面空白，那"图文并茂"往往就会变成"滥用图片"，这个问题在一些中小学课件里尤为突出。

▲ 网络上一套下载量过百的小学英语课件

明确使用图片的目的

为了避免"滥用图片",我们必须明确使用图片的目的,即为什么我们要使用图片?很多人或许会回答因为觉得加上图片之后更好看,或者说更有视觉冲击力,但这些都不是真正的理由。在 PPT 中之所以要用图片是因为好的图片会讲故事,能塑造场景,可以**增强文字的表现力和感染力**,从而提高将观点传递给他人的效率。

就拿前面提到的小学英语课件来说,为了配合"生日快乐"的主题,作者在封面使用了一系列的图片和文字元素:生日蛋糕、葡萄酒、鲜花、中英文祝福语,蛋糕上还写着中英文祝福。如此繁杂的元素甚至让标题文字无处安放,最后被挤到了页面边缘,观点传递的效率反而被大幅度拉低;而结束页中宣布下课使用小猫的图片就更是毫无道理。

对比一下修改后的页面,你或许就能明白图片在讲故事和塑造场景方面的作用。

▲ 改造后的小学英语课件

改版后的封面同样使用了蛋糕、礼物、生日帽、彩屑等多种矢量图片元素,但却不是简单的堆砌,而是与标题进行了有机组合;结束页则使用挥手的小朋友、礼物图片及对话框元素,营造出过完生日宴会,两位小主人站在一堆礼物中向大家挥手道别的情景。想想看,这些图片是不是都能很好地对 PPT 里的文字内容进行直观的补充和强化呢?

明白了这个道理,再来看我们前面列举过的那些使用了图片的案例,你会发现不管是哪个案例,其中的用图都暗合了这个目的。

确保正确使用图片

在明确用图目的之外，我们还得确保能正确地使用图片。如本节的第一个案例，由于作者在选择图片时对素材质量要求不高，使用图片时又随意拉伸图片的长宽比例、未考虑文字与图片结合后的视觉感受，最终效果就非常糟糕。

还是同样的主题、同样的版式结构，只要换用了优秀的图片素材、杜绝拖拉更改图片比例、合理精简文字内容、做好文字和图片的过渡与搭配，用字体而非艺术字去强调关键词，PPT 的视觉效果立马就会改善很多。

▲ 左右版式和上下版式的图文结合案例

5.28　图片样式的设置与调整

在 PPT 里插入图片，如果不做任何处理，有时会显得很突兀。如果你暂时还没掌握更高级的图片处理方法，不妨试试 PowerPoint 为你提供的这 28 种图片样式。

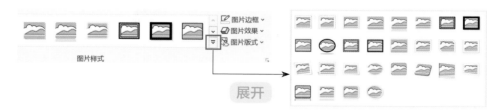

▲ 选中图片后单击即可套用的图片样式

在这 28 种图片样式中，大部分的样式都是变化图片的边框、外形、阴影、三维角度等属性得到的，但也有个别效果比较特殊，很难通过属性设置生成，如"旋转白色"和"松散透视白色"两种样式的对角阴影效果就是如此。

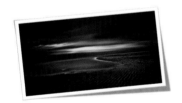 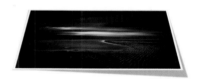

▲ 两种较难手动打造的图片样式

另外，个别效果如"棱台亚光 白色"会对图片的画质有轻微损伤，套用样式后图片的清晰度略有下降，如果介意的话可以选用其他样式。

▲ 设置个别样式后，图片清晰度略有下降

如果想要自己 DIY 图片的样式效果，那就必须用 "图片效果"功能了。在"图片效果"中，我们可以自由设置图片的阴影、映像、发光、柔化边缘、棱台、三维旋转等多种属性，有了这些功能支持，再结合前面我们学过的线条设置，只需要几步操作就能复刻 PowerPoint 自带的图片样式效果。

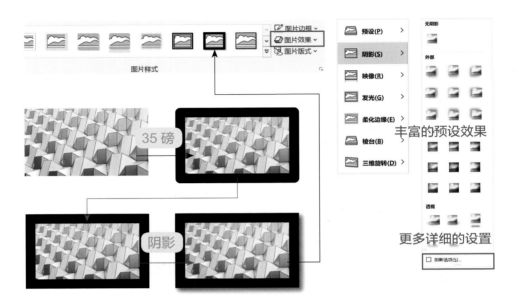

你可以在阴影、映像等任意一个预置效果菜单底部单击打开自定义选项设置对话框，使用数值参数对图片效果进行更加精细的设置。

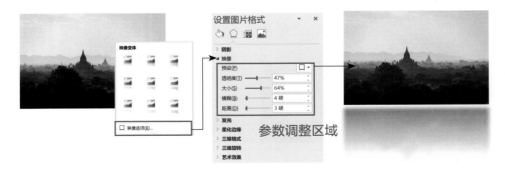

▲ 图片效果个性化参数设置方法

也可以先设置一种与自己想要的效果接近的预置效果，然后通过调整参数进行修改——如前面我们提到过的"棱台 亚光"效果，导致图片画质下降的原因主要是因为设置了三维格式。如果我们仅仅想要白边缘和阴影的效果，就可以在三维格式中单击"重置"按钮，再调整线条的连接类型和阴影设置即可。

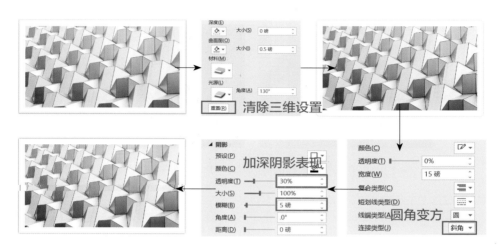

5.29　强大的图片裁剪功能

　　设计圈有一句话"好图片都是裁出来的！"为什么这样说呢？这是因为对于图片创作者而言，图片是主体，而对于 PPT 设计者而言，图片却是辅助。单看不错的图片直接拿来使用，很有可能会出现和文字"抢风头"的情况。

　　如前面我们修改过的"世界名车"介绍 PPT，作为写真海报，汽车占据中心位置天经地义，可如果要搭配上半屏的文字，这个位置就有些尴尬了。

▲ 图片不做裁剪，做出来的 PPT 可能会很尴尬

使用裁剪功能，将右侧部分画面剪掉，原本位于正中的汽车就可以向右移动到画面边缘。为页面整体覆盖上黑色的渐变矩形填补左侧空位，这样塑造出来的背景就适合加入文字内容进行排版了。

▲ 利用裁剪调整画面结构可以说是 PPT 制作中的家常便饭

基础的图片裁剪功能相信大家都会用，在本书前面的实例中也曾用到裁剪功能来调整图片的构图和画面，这里就不再花时间赘述了。下面这个实例，我们再教大家一种特殊的裁剪方法。

✿ 利用反向裁剪调整图片进行背景填充

一般说来，图片的裁剪操作都是向内进行的，即通过裁剪来获取原图的某一部分画面。你或许还从来没有想到过，裁剪还能反向向外进行吧？

有时我们会在 PPT 制作中使用左侧这样的长条形图片，简单搭配上文字，就是一页不错的封面——是不是很像 4S 店里的新款车宣传册？

从左图可以看到，我们需要在图片上层放置文本。如果直接将图片放置在页面上，当我们想要选择、调整文本框时，就很容易误选中下层的图片，影响制作效率。其实只需要两步就能解决这个问题。

反向增大裁剪
框与页面等大

首先，进入裁剪模式，向图片外（上下两侧）拖动裁剪框至与页面等大。退出裁剪模式，图片的高度已经发生了显著的变化，但画面却仍然保持了原样。

选中图片，设置填充色为白色，按 Ctrl+X 组合键剪切后填充至页面背景，图片就在保持原位置、原尺寸的前提下变成了页面背景，我们再不用担心会误选误碰了。

填充白色

裁剪为形状

除了通过裁剪来调整图片的大小，我们还可以通过裁剪调整图片的外形。选中图片后单击"图片格式"，展开"裁剪"按钮的下拉菜单，就可以找到这一命令。

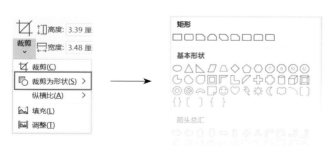

几乎所有形状
都可以作为裁
剪外形使用

这里列举一些图片裁剪为形状的案例，更多效果，大家不妨自己用图片裁裁试试看。注意最后一个例子——我们并没有对这张图片设置三维格式，只是将其裁剪为"矩形：棱台"形状，图片就具有了 3D 立体感，有没有很惊喜呢？

原始图片	梯形	圆角矩形
椭圆	心形	矩形：棱台

按纵横比裁剪

裁剪下拉菜单中的"纵横比"指的是按照特定的比例关系对图片进行裁剪，这些比例均为软件默认设置，无法手工调整，只能在其中进行选择。同时，按比例裁剪的图片会从四周向图片中心裁剪，如果对裁剪的区域不满意，可以在裁剪状态下将鼠标放在裁剪框内拖动图片调整保留区域。

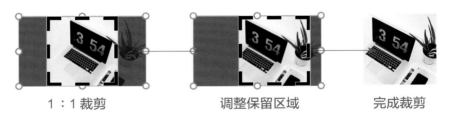

1：1 裁剪	调整保留区域	完成裁剪

5.30　图片外形裁剪的妙招

用"裁剪为形状"功能可以改变图片的形状，但有一点遗憾就是，该形状会以图片的尺寸为准做最大限度地伸展。

例如，我们想将下面这张图片裁剪为圆形。或许你心里面设想的是裁剪为圆形，但由于原图片的尺寸能容纳的最大圆形是一个椭圆，因此最终这张图片也就被裁成了椭圆。

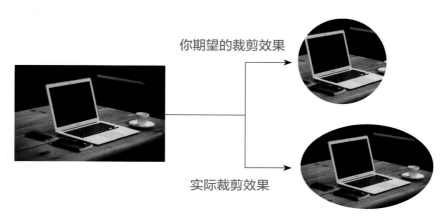

你期望的裁剪效果

实际裁剪效果

▲ 裁剪为圆形命令并不一定能把图片裁剪正圆形

怎样才能裁出圆形的图片呢？下面我们来看 3 种妙招！

✿ 将长方形图片变为圆形的 3 种方法

利用 PowerPoint 将长方形图片变为圆形，最常见的有 3 种方法，分别是二次裁剪法、合并形状法、形状填充法。

扫码看视频

二次裁剪法

首先，将图片按纵横比 1∶1 进行裁剪，调整保留区域，得到正方形图片。

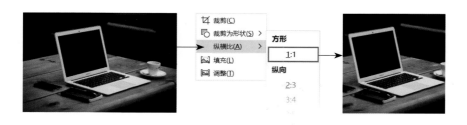

选中已经是正方形的图片，使用"裁剪为形状"将其裁剪为圆形。

合并形状法

合并形状法我们在本章有专门的小节讲过，使用圆形和图片进行"合并形状 - 相交"操作即可获得圆形图片。如果有遗忘的话，可以回顾一下 5.20 节。

形状填充法

与前面两种方法基于图片进行操作相反，形状填充法是先制作出圆形，再把圆形赋予图片内容。从严格意义上说，这种方法并不算是对图片进行了裁剪，但最终效果可以达到与裁剪一样。具体做法如下。

首先，按住 Shift 键使用椭圆工具绘制出一个圆形，然后为圆形选择"图片填充"的填充方式，并填充图片。

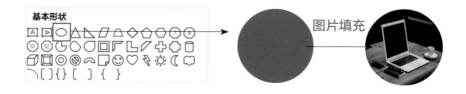

勾选"将图片平铺为纹理"，此时图片的比例会恢复正常，但画面内容显示就无法保证完整了。根据需要调整偏移量 X 的值，使图片内容的位置合适。

总结一下 3 种方法的优劣。第一种方法看似要裁剪两次比较麻烦，但如果感觉不满意，还可以进入裁剪状态继续调整裁剪的位置；第二种方法虽然是一次成型，但合并形状之后的圆形图片无法再做调整，这是它的硬伤所在；第三种方法可控性最强，可以根据设置的不同呈现出不同的效果，但步骤略显复杂，调节偏移量的操作也相对比较烦琐。

综合考量，还是推荐大家优先使用第一种方法来获得圆形图片。

5.31 图片的属性调整

在高版本的 PowerPoint 里，我们可以通过多项设置来调节图片的属性，如图片颜色饱和度、锐度、亮度等，还可以为图片添加多种多样的艺术效果。

选中一张图片，单击"图片格式 - 颜色"就能在下拉菜单中看到图片在各种饱和度、色温下的表现效果。

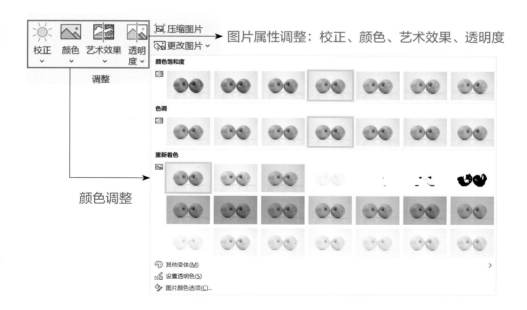

简单看下几种内置的颜色属性效果。

原图　　　　　饱和度 0%　　　色温：11200K　　重新着色：橙色

同样是选中图片，单击"图片格式 - 校正"，可以对图片的锐度和亮度、对比度进行调整。

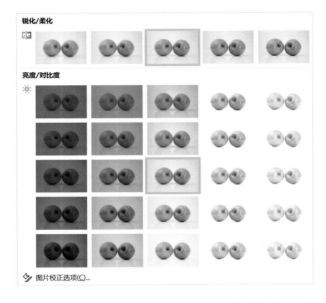

或许有朋友会觉得这些功能没有太大作用。的确在大多数情况下我们都不需要对图片进行这些属性调整，但也不能说完全派不上用场。

例如，Jesse 老师就曾制作过一份小学音乐比赛课件，在这份课件里为了让课堂导入环节更加生动，第一页就用动画模拟了教师单击 iPod 播放器为同学们播放声音的场景。但问题在于，手持 iPod 的图片和伸出手指的图片出处不同，颜色有较大差异，这就影响了场景的真实感。通过调节色温，从默认的 6500 下降至 5000，提高亮度到 8%，两只手的

两只手色差较大，不像同一个人的左右手

匹配度明显得到了提高，画面的统一性和真实感才有了保障。

▲ 调节色温和亮度统一不同出处的素材色调

还有一次，Jesse 老师需要修改一份《小青蛙找家》的音乐课件，原课件里用小青蛙的两种状态：跳和蹲，分别代表短音和长音。为了统一风格，我们必须要找到同一只卡通青蛙形象两种姿态的图片。

在搜索并过滤了大量图片素材之后，Jesse 老师发现一款叫《Tap the Frog》的游戏主角造型不错，可惜找来找去都只能找到蹲姿的图片。最后我灵机一动，找来视频网站的游戏视频暂停截图。可尽管选用了 1080P 的画质，截图放大之后的跳姿青蛙还是比蹲姿的海报图片模糊不少。

▲ 寻找卡通风格素材图片，游戏也是一个重要的来源

这个时候，图片锐度调整就帮上了大忙——选中截图后单击"图片格式-校正-图片校正选项"，在面板中将清晰度滑块拉到最大，效果完美。

▲ 调整图片锐度提高图片素材的清晰度

所以你能说图片的属性调整功能没有用处吗？显然事实并非如此。

再来看"艺术效果"功能，这个功能可以帮助我们为图片叠加艺术美化效果，类似修图软件中的各种滤镜。合理使用这些充满艺术感的艺术效果，可以将图片打造出各种不同的风格。

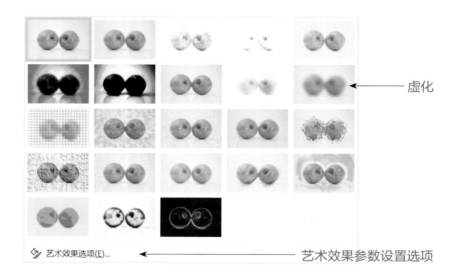

虚化

艺术效果选项(E)…   ← 艺术效果参数设置选项

在所有艺术效果中，"虚化"效果是我们日常使用最多的一种。还是我们在 5.18 节讲"形状美化"时举过的一个例子：文字直接叠放在图片上很难看清时，我们可以在文字下层放置半透明矩形。现在学习了虚化，我们还可以对图片进行适当虚化，这样效果就更好了。

底图未进行虚化   底图进行了虚化

▲ 虚化可以降低底图对前景的干扰

　　除此以外，我们还可以利用虚化来调整 PPT 全屏展示正方形图片时背景会大面积留白的问题——直接用放大、虚化后的原图复件衬底，色调各方面都与原图非常匹配。

直接展示图片　　　　　　　配合虚化底图展示图片

▲ 虚化可以让不符合页面比例的图片得到更好的展示效果

　　"虚化"还有一个**少有人知的应用场景**，那就是用来制作幻彩渐变风格的幻灯片背景。下面这样充满着迷幻诱惑，一看就非常"菲拉格慕"的渐变背景是怎么做到的呢？通常情况下，就算使用取色器也无法完成这样充满流动感的渐变背景。

▲ 渐变填充无法实现颜色之间如此自然的过渡

你可能已经猜到答案了——没错，这就是对图片进行虚化得到的。找一张合适的图片，为其添加虚化效果后，在"图片格式 - 艺术效果选项"中，将虚化半径设置为最大值 100 即可。

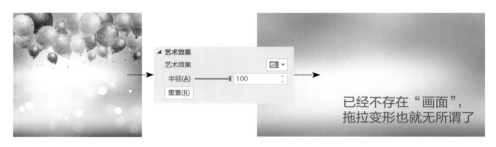

▲ 最大值虚化图片后填充为幻灯片背景

这还只是一个"虚化"，想想看，其他艺术效果还有多少精妙的变化呢？

在最新版的 Office 365 中，图片属性调节功能中还新增了图片的透明度调节，我们可以直接选中图片，在下拉菜单中选择设置不同的透明度，也可以单击"图片透明度选项"，在选项面板中自定义透明度百分比。

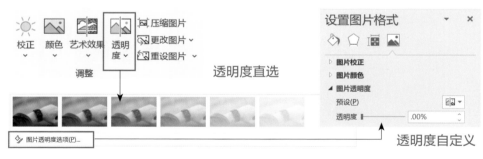

▲ 新版 PowerPoint 中加入的图片透明度调节功能

如果你使用的还是旧版本的 Office，也可以绘制与图片等大的矩形，将图片填充到矩形里，然后通过调整矩形的透明度间接对图片透明度进行调整。

图片随矩形的透明度变化
一并得到了调整

5.32 营造"高级感"：PPT中的抠图

在使用图片的时候，如果直接把找到的图片素材放到页面里，很多时候会因为图片背景的存在瞬间拉低PPT的档次。

▲ 看完这两张图的对比你就应该明白笔者的意思了

那么怎样去除图片的背景呢？如果背景色是纯色，我们可以直接使用图片属性调整中的"颜色 - 设置透明色"功能单击背景区域进行删除。不过这个功能对颜色的包容度较低，只要背景存在一丁点颜色不统一，设置透明色之后就会留下明显的杂色；另外，前景色中与背景色相同的颜色也会一并被删除。

设置透明色之后的边缘杂色

无法得到干净的边缘　　　　　　无法保留与背景色相同的前景色

　　这个时候，就可以请 PPT 中专门的抠图工具"删除背景"出场了。选中照片，单击"图片格式"选项卡最左侧的"删除背景"按钮就能进入专门的"背景消除"选项卡，然后就可以开始删除背景的操作了。

▲ 进入"背景消除"选项卡后大多数其他选项卡都会被隐去

　　那么，这些按钮功能都是怎么使用的呢？"删除背景"的抠图效果如何呢？我们还是一起来看一个实例吧！

扫码看视频

⚙ 利用"删除背景"功能进行抠图

　　首先，利用裁剪功能把图片上多余的画面剪去，只留下需要抠图的主体。

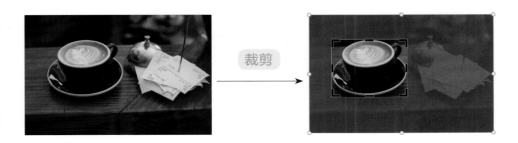

　　单击"删除背景"按钮进入背景消除模式。此时画面上裁剪框以外的画面均会变为紫色半透明状态，裁剪框以内的画面则通常既有紫色状态又有原色高亮状态。

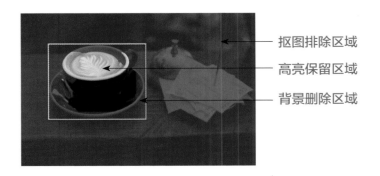

抠图排除区域

高亮保留区域

背景删除区域

　　选择工具栏上的"标记要保留的区域"画笔，在需要保留的画面涂抹（推荐先放大显示比例），此时 PowerPoint 会根据涂抹范围来判断修改保留区域即高亮部分；如果画面上出现了多余保留的地方，可以在工具栏切换为"标记要删除的区域"画笔对这些地方进行涂抹，最终得到准确的杯子高亮区域。

　　单击"保留更改"，即可退出背景删除状态，这样我们就得到了一只没有背景画面干扰的咖啡杯了。

5.33　图片版式：多图排版小能手

　　前面我们说了很多针对单一图片的处理手法，如果是需要将多张图片放置在同一页上又该如何排版呢？

　　对于使用 Office 365 的朋友们来说，可以在插入图片素材之后，直接单击"设计"选项卡右端的"设计灵感"按钮，利用"设计灵感"功能自动生成多种图片版式，选择合适的版式进行套用。

▲ Office 365 版 PowerPoint 中的"设计灵感"功能

如果你使用的是非 365 版本的 Office，则可以借助 SmartArt 的"图片版式"功能来调整图片的排版。单击插入 SmartArt 按钮，在弹出的对话框中切换到图片分类。

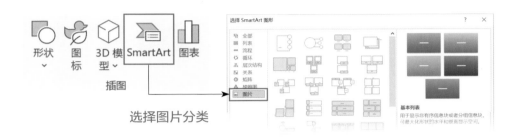

选择一种 SmartArt 图示插入，根据图片数量调整好 SmartArt 形状及个数，然后再单击样式中的照片图标即可插入保存在电脑上的图片或联机搜索图片。

填充好图片之后，你可以选择在标注有"文本"的矩形区域输入与文字搭配的文案，最后完成排版；如果对图片填充效果不满意，还可以选中图片，单击裁剪工具进入裁剪状态调整画面内容。

你也可以直接选中多张图片，在"图片格式"选项卡中使用"图片版式"命令为选中的图片套用各种 SmartArt 图示。这两种方式本质上没有任何区别。

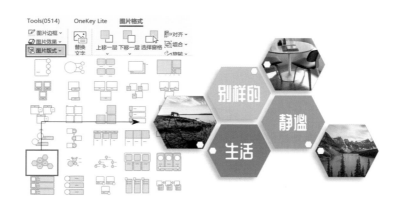

⚙ 利用"图片版式"功能 10 秒统一图片尺寸

手中有几张图片，大小和比例各不一致，想要把它们的尺寸裁剪到一样大小，什么方法最快？你是不是会把两张图片叠在一起，对齐左上角，拖拉小图右下角，直到它们高度相等，然后去裁掉大图冒头的部分？看完这个案例，你就知道自己白白浪费了多少时间！

全选图片，为它们设置"图片版式"中的"蛇形题注"，所有图片就被装入了 SmartArt 图示中，它们的大小也都瞬间得到了统一。

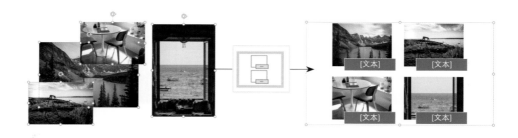

选中 SmartArt 图示，按 Ctrl+Shift+G 组合键取消组合，连续操作两次，就能把 SmartArt 中的图片和矩形分开。框选删除矩形，即可获得尺寸统一的图片。

删除矩形

5.34 PPT动画：用与不用谁对谁错

　　关于 PPT 动画，在网络上一直有两种不同的态度。一种是认为 PPT 不应该设计过多的动画，太多动画会转移观众们的注意力，专业的 PPT 演示应该是以演讲者为中心，PPT 仅仅是辅助功能。

　　而另一种态度则认为 PPT 动画可以辅助演讲者做出更精彩生动的讲述，第一时间勾起观众们的兴趣。此外，本着"能用 PPT 解决的问题就用 PPT 解决"的理念，最大限度地挖掘 PPT 动画的潜力也在一定程度上节省了对 PPT 动画效果有刚需的制作者额外学习 AE 等专业动画软件的学习成本。

　　究竟谁对谁错呢？**我们认为，在这个问题上试图找到一个终极答案其实是一个伪命题**——PPT 只是一个工具，当它被运用到不同场合时，就有着不同的作用。当你要做职场汇报时，动画就宜少不宜多，而如果你本来就奔着创作一则动画影片去，那通篇动画都不嫌少。

　　下面这一则动画短片《AI 觉醒》就是完全靠 PPT 制作完成的，作者是来自重庆的 90 后 PPT 动画达人张耕源。正是凭借这份作品，他摘得了第七届锐普 PPT 大赛的冠军。

扫码看视频

▲ 请务必扫码观看动画效果，感受媲美大片的动画享受

5.35　切换：最简单的PPT动画

　　PowerPoint 中的切换效果可以说是最简单的 PPT 动画了，只需选中幻灯片，然后进入"切换"选项卡选择一种切换动画就可以完成设置。

　　展开切换动画的下拉菜单，我们可以看到 PowerPoint 包含了"细微型""华丽型"和"动态内容"3 大类 30 多种切换动画效果。细微型的切换效果与早期版本中的切换动画比较类似；华丽型的动画效果则

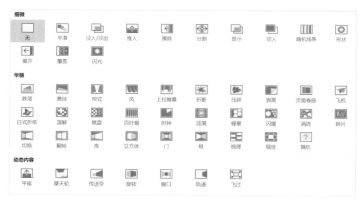

大多比较富有视觉冲击力，也是多数人喜爱使用的效果类型；动态内容的切换类型会对幻灯片中的内容元素提供动画效果，而放置在母版中的元素则不会随切换动画变换。

　　当你选定一种切换效果之后，还可以通过"效果选项"为切换动画选择不同的变化方式，如动画的方向、形式；或者使用切换选项卡右侧"计时"功能组中的众多设置项调节切换动画的时间、换片方式等。

▲ 切换动画的效果选项和计时相关功能

　　下面我们用截图简单演示几种不同类别的切换效果，推荐大家打开PowerPoint 自行尝试感受一下动态效果。

切换动画的选用原则

新手使用切换动画的最大误区就是随意地为页面添加各种切换效果，把 PPT 做成了一个切换效果展示合集。正确的做法是**结合情绪需求或 PPT 主题内容来选择切换动画**。

例如，在个人介绍类 PPT 中，我们可能会讲到自己与过去某个阶段做告别，这个时候就可以使用切换效果"压碎"，将前一页（代表过去）揉成一个纸团。

▲ 用"压碎"效果可表示告别、否定等情绪

与时尚相关内容的 PPT，我们可以在设计版面时就把页面分为左右两部分来设计，甚至在中线处添加一些阴影渐变效果，结合切换效果"页面卷曲"，模拟真实的时尚杂志翻页效果。

▲ 用"页面卷曲"结合阴影渐变模拟翻阅真实书页

如果没有特别想要打造的效果，那就尽可能做到"同级同画"，如普通页都使用"揭开"切换，而章节页都使用"立方体"切换等，从动画形式上辅助加强演讲的节奏控制。

神奇移动功能——平滑切换

如果你使用的是 Office 365 版本，那在切换效果中排在第一的就是"平滑"。这个切换效果可以在 PPT 相邻页的相同元素之间建立一种特殊的联系，翻页时产生一种平滑过渡的动画效果，而这一切都不需要你去挨个对元素进行动画设置。这个功能在苹果的演示软件 Keynote 中被称为"神奇移动"。

Jesse 老师曾经在某次校内培训中利用平滑切换制作了一段自我介绍，反响很不错，要做的工作其实就是安排好相邻两页相同元素的位置和大小变化。

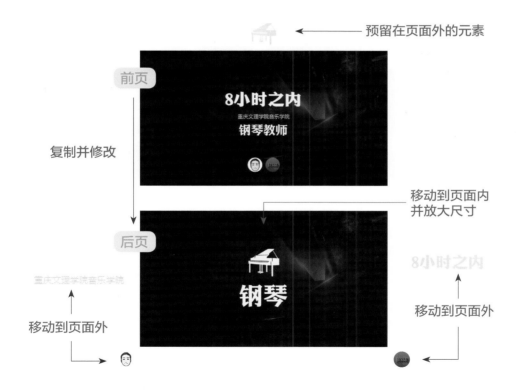

完成上面的操作并添加"平滑"切换效果之后，这些元素就会在切换时从前一页的位置移动到后一页的位置，并产生大小尺寸的变化了。

▲ 平滑切换中元素的位移变化过程示意

除了平滑切换，Office 365 版本的 PowerPoint 还新增了 3D 功能和"缩放定位"功能，综合利用这 3 个功能，我们可以做出非常吸睛的切换效果。由于篇幅的原因，这里我们不做过多的展开，如果你感兴趣的话可以自行在知乎这样的网络社区找到相关的学习资料。

动态内容

在切换动画下拉菜单的底部，我们可以看到一系列分类为"动态内容"的切换动画，如平移、摩天轮、轨道等。这些切换效果又有何特殊之处呢？

　　原来，这些切换效果仅仅是针对页面上可被选中的元素生效，而不对页面背景及放置在母版中的固定元素生效，因此才称为动态"内容"。

　　例如，下图中的 PPT 页面上的标题、图片、形状都是可选中的，而背景图片、红线、说明文字文本框都是不可选中的。我们分别为幻灯片设置非动态内容的切换动画"推入"和动态内容切换动画"平移"，效果对比如下。知道了两种切换方式的不同之处，我们才能按需选择最合适的一种。

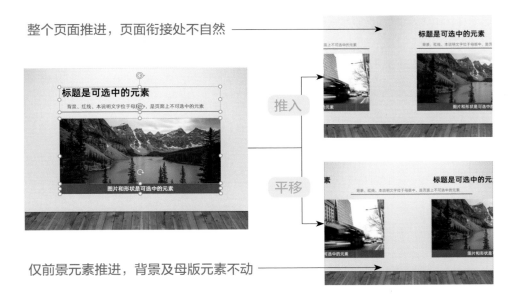

整个页面推进，页面衔接处不自然

仅前景元素推进，背景及母版元素不动

5.36　添加动画：让对象动起来

　　如果你不满足于切换翻页时才有动画效果，想要在页面内部也用上动画，让文字、图片等对象一个一个地呈现、消失，又或是发生变化，那就需要为它们添加动画效果了。

　　从操作层面上讲，添加动画并没有什么难度，只需选中想要添加动画的对象，进入"动画"选项卡，单击"添加动画"，然后选择一种合适的动画即可。下面我们先来看看常用动画功能的分布是怎么样的。

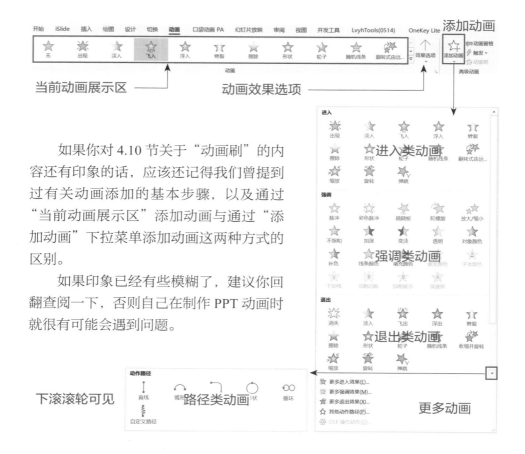

如果你对 4.10 节关于"动画刷"的内容还有印象的话，应该还记得我们曾提到过有关动画添加的基本步骤，以及通过"当前动画展示区"添加动画与通过"添加动画"下拉菜单添加动画这两种方式的区别。

如果印象已经有些模糊了，建议你回翻查阅一下，否则自己在制作 PPT 动画时就很有可能会遇到问题。

除了添加动画、设置效果选项、查看动画窗格、使用动画刷这一系列在第 4 章已经讲过的操作，"触发"功能我们也在 3.11 节讲到视频插入时有所提及，不过当时案例中的触发器仅针对视频的播放。对于普通的动画，触发器又该如何使用呢？

扫码看视频

✿ 使用触发器制作星级评比动画

无论是淘宝购物还是美团买单，日常生活中我们会遇到很多需要为商品或消费行为打分的情形，很多 APP 都会采用 5 颗星的计分方式让用户评分。这个星级评比就可以通过触发器借鉴到 PPT 里来，特别适合老师在教学中使用。

首先使用文本框工具输入星级评比的条目，然后在一旁绘制 5 颗五角星，设置轮廓为灰色，填充色为白色——**注意不能设置无色**。无色等同于镂空、无实体，是不能点击的。

选中所有五角星，进入"动画"选项卡，添加强调动画"对象颜色"，在效果选项中选择颜色为金色。

此时动画窗格里会出现我们设置的动画效果。按住 Shift 键，依次单击开头和末尾两个动画效果，把所有动画效果都选中，然后单击"触发 - 通过单击"，最后选择"五角星 6"，即最右侧的五角星。

通过这样的操作，我们就建立起了"当单击最右侧五角星时，所有五角星都变为金色"的触发条件。

选中前 4 颗五角星，添加变色动画，指定触发条件为"单击五角星 5"，这样当我们单击第 4 颗五角星时，前 4 颗五角星就会变成金色。

重复这套操作流程，分别指定"单击第 3 颗五角星时前 3 颗五角星变色""单击第 2 颗五角星时前 2 颗五角星变色""单击第 1 颗五角星时第 1 颗五角星变色"这 3 套触发器动画，我们的星级评比动画就制作完成了。

不过，这样制作的动画不支持多星改评少星，你能想到改进方法吗？

5.37　动画窗格：导演手中的时间表

对于单一的动画效果而言，无论是添加动画还是设置效果选项的操作都比较容易。那么这么简单的动画是如何组成各种炫目的动画效果甚至做出动画影片的呢？奥秘就隐藏在动画窗格里。

动画窗格的实质就是一张时间表，什么时候哪个对象"登台亮相"，演出多久谢幕下场，全靠制作者如同总导演一样安排调度。掌握在制作者手里，控制对象登台时间的工具就是"动画计时"功能和"动画延迟"功能，控制对象表演时长的工具就是"动画持续时间"功能。

先来看"动画计时"功能，它包含了开始播放动画 3 种不同的条件，分别是"单击时""与上一动画同时""上一动画之后"。这 3 种条件反应到动画窗格里也有不同的图像显示和图标提示（动画窗格够宽时才会出现）。

动画前有步骤番号　动画前有番号和鼠标图标

动画前没有番号或图标，动画开始时间与上一条一致

动画前没有步骤番号　动画前无番号，有时钟图标

如果想让某一动画在某一时间点之后稍微等一会儿再发生，就需要用到"延迟"功能。设置延迟之后，我们可以从图像中明显看到动画方案的变化。

另外，当动画窗格中存在一系列长短不一的动画时，**使用"上一动画之后"功能有时并不能真的将动画设置为上一动画之后**，这种情况下需要先将

动画设置为"与上一动画同时"，然后再使用"延迟"功能实现预想的效果。因此，"延迟"功能在 PPT 动画里的使用还是比较普遍的。

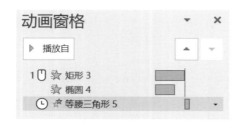

直接设置上一动画之后，
只能在矩形动画结束之后
开始三角形动画

先设置与上一动画同时，
再延迟 2 秒（椭圆动画时长）方可实现
在椭圆动画之后开始三角形动画

最后，"动画持续时间"就很好理解了，指的就是一个动画从开始到结束需要的总时间。对单一动画而言，时间越长，动画的速度越慢，反之则越快。

另外，对于位移型动画而言，动画持续时间相等的情况下，位移距离越大，则速度越快。如下面 3 张图片均从页面右侧飞入，虽然动画时间相等，但因为左侧图片需要飞行的距离最远，故飞行动画的速度会更快。

▲ 相同的动画设置可能有不同的动画效果

从最简单的动画计时、持续、延迟设置入手，多做练习，培养自己身为"动画舞台剧总导演"的执导能力，当你能够**有目的地安排众多动画协同实现某一视觉效果**，而不是漫无目的胡乱加动画时，你才算是 PPT 动画入门了。

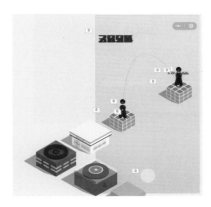
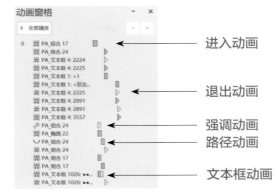

进入动画

退出动画

强调动画
路径动画

文本框动画

▲ 张耕源用一系列动画模拟微信小游戏 "跳一跳" 中的一次跳跃

5.38 文本框动画：比你想象的更强大

现在请你回看上图右下角，有没有发现这里我们提到了一个新的动画类型呢？没错，这就是文本框动画。不管是进入动画、退出动画还是强调动画，说的都是动画的行为而非对象——进入动画可以添加到图片上、形状上，同样也可以添加到文本框上。

那为什么没有形状动画、图片动画的说法，偏偏把文本框动画独立出来呢？这是因为**文本框动画就像是一名扫地僧**，看上去平平无奇，但对它知根知底的 PPT 动画高手们都知道，它远比普通人想象的强大。

之所以文本框能那么独特，主要是因为它有一个独有的动画设置维度——动画文本延迟。下面我们就通过一个实例来了解一下这个设置的作用。

✿ 使用动画文本延迟制作文本逐一飞入效果

这里我们用一页幻灯片封面做案例，首先使用图片填充简单设置好幻灯片背景，使用文本框工具输入标题，设置好字体字号。

选中文本框，为其添加飞入动画，标题默认的飞入方向为从下方飞入，在效果选项中改为从右侧飞入；然后为装饰线条添加淡化动画，设置为"上一动画之后"。此时可以看到文本框整体从右向左飞入到指定位置。

打开动画窗格，双击飞入动画弹出效果选项对话框，在对话框的底部可以看到"动画文本"的设置，默认是"一次显示全部"，即整个文本框作为一个整体来运行动画，因此我们才看到了整个文本框的飞入动画。

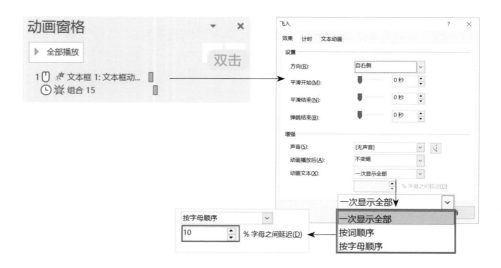

打开下拉菜单，选择"按字母顺序"，此时下方原本灰色的选项也亮起来了，默认是 10% 字母之间的延迟，这意味着从第二个字开始每个字都会延迟 0.05 秒飞入（原飞入动画时长为 0.5 秒）。单击确定，可以看到动画窗格变成了下面这个样子。

空白部分为延迟导致增加的时间

因为标题有 10 个字，后 9 个字每个延迟 0.05 秒飞出，故增加了 0.45 秒时间，动画总时长增加为 0.95 秒。播放动画，文字飞入部分动画效果如下。

左侧文字先于右侧文字飞出　　　　　左侧文字先于右侧文字停止

调节"按字母延迟"的百分比，可以得到不同的动画效果。如将百分比调整到 100%，可以实现文字逐一飞入的效果——每一个文字都会等到前一个文字飞行停止之后才会飞入。

"文""本"已到位，"框"飞行中　　　　最后一个字"理"即将飞行到位

高手如何使用文本框动画

　　在前面这个例子中，我们不难感受到文字"鱼贯而入"的效果，不少高手由此特性出发，利用一系列的圆点代替文字，设置极小的字母顺序延迟，最终实现了原本在 PPT 里无法实现的笔迹动画效果。

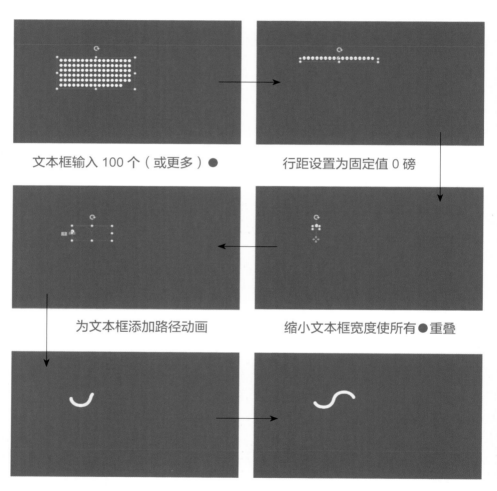

文本框输入 100 个（或更多）●

行距设置为固定值 0 磅

为文本框添加路径动画

缩小文本框宽度使所有●重叠

设置 0.3% 按字母顺序延迟并播放动画，出现笔迹效果

6

怎样准备
分享更方便

- 拒绝伸手党，如何在网上分享作品？
- 演示者视图，又有何精妙神奇之处？

这一章，畅快分享！

6.1　你会遇到这些问题吗

朋友要借用我的电脑，可我电脑上有涉密的 PPT，不想让别人随便翻阅，有办法能给 PPT 加密吗？

完成 PPT 后需要立即与领导沟通，领导正在外地考察，他要到晚上才能收电子邮件。有什么办法让领导马上就看到我的 PPT 呢？

做好的 PPT 放到 U 盘里，带出去用了经常忘记拔掉，甚至还真的搞丢过几次，差点误了大事，有没有好的云盘空间推荐啊？

PPT 做完了，要放在另一台电脑上播放，但是这台电脑根本没装 Office 软件，怎么办？

我想把 PPT 放到网上去分享，有什么办法既能不被修改，又可以完美保留动画音乐效果？

我做的 PPT 文件体积都好大，随便就是 200~300MB 啊，有什么办法让文件体积变小一点吗？

有些颜色在投影的时候看上去还分得挺清楚的，但是在黑白打印稿里面看会混在一起。怎么才能避免这种情况呢？如果讲义一页打印 4 页 PPT，看上去有点小，有没有办法打印得大一些？

微博上一次只能发 9 张图，我想在微博上分享 PPT 可页数超过 9 页了该怎么办呢？别人分享的 PPT 好多页连在一起是怎么做的？

我不想每次分享 PPT 时都得辛辛苦苦地背稿子，花了很多时间还是背不熟，但照着稿子念好像又不太好，有没有折中的好办法呢？

……

如果你也有这些苦恼，非常好，这一章就是为你准备的！

6.2　如何保护我们的PPT

如何不让无关人员随意打开你的文件？如何告诉同事，某个文件不要修改？如何删除那些编辑过程中留下的痕迹，如备注信息？如何恢复来不及保存而丢失的文件？这些需求都可以在"文件"选项卡中的"信息"选项里设置。

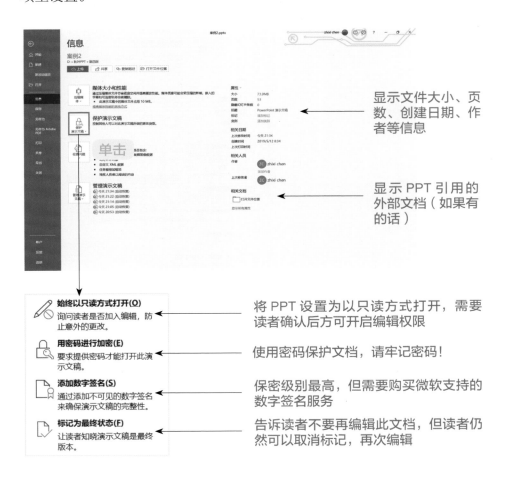

如果你想删除文档中的无用信息，可以使用"信息"选项中的"检查问题"功能。单击"检查问题-检查文档"，可以检查文档中是不是有个人信息、批注、备注等信息。如果有，则可以一键删除。用这个方法来批量删除页面中的批注或备注是最方便的。

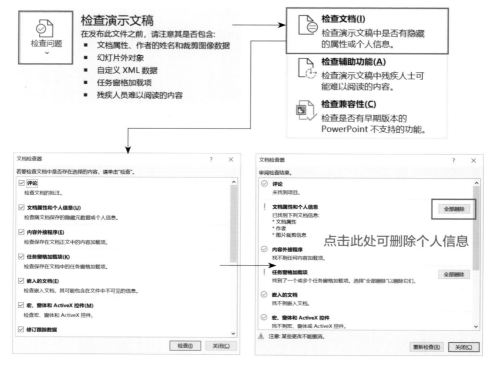

检测项目清单，可自定义   检查结果列表

除了用来检查并删除文档中的个人信息，"检查问题"功能还包括"检查辅助功能"和"检查兼容性"两个二级功能。前者是用于检查文稿是否足够清晰、字号是否足够大，以供视力残障及老年人阅读；后者则主要是为了使较高版本的文件在较低版本的软件中也可以编辑，检查兼容模式中会缺失哪些效果，并判断这些效果缺失后 PPT 是否还在可接受的范围内，需不需要调整修改。

在第 3 章开头，我们曾经提到 PPT 的自动保存，建议大家将 PPT 设置为每隔 5 分钟自动保存。那这个设置具体在哪里呢？打开"文件 - 选项"，在左侧目录面板选择"保存"，就能看到与保存相关的一系列设置。

将自动保存时间更改
为 5 分钟

▲ PowerPoint 选项中与"保存"相关的设置

将自动保存时间间隔设置为 5 分钟，并且确保"如果我没保存就关闭，请保留上次自动恢复的版本"已被勾选。这样，PowerPoint 每隔 5 分钟就会自动保存一次，一般情况下就不用担心发生意外造成信息丢失了。

勾选自动保存选项后，每次自动保存，文档都会以独立临时文件的形式将该时间点的版本保存下来。如果你修改文件后过了一段时间又后悔了，而"撤销"步骤显然已经不够用，想恢复到某个时间点以前的版本，就可以使用"文件 - 信息"菜单中的"管理演示文稿"功能，检阅并退回到某个时间点软件自动保存的版本。当然，这招并不总是有效，具体情况还要具体分析。

6.3　PPT云存储：让文档如影随形

随着国内网络建设的发展及 5G 网络信号的逐步推广，云办公、云存储已经比过去方便了很多，如果你也想体验不用带 U 盘也可以让文档如影随形的便利，那就赶紧用上 OneDrive 功能吧！

使用 OneDrive 客户端

如果你的电脑上安装的是 Windows 10 系统，那么 OneDrive 已经内置于系统中了，单击左下角 Windows 标志即可在开始窗口中找到 OneDrive 程序，单击打开后即可用你的微软账号登录 OneDrive 客户端并查看 OneDrive 中保存的文档。

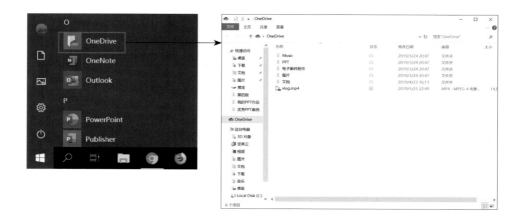

即使处于离线或未登录状态，我们仍然可以在本地 OneDrive 文件夹中进行操作，移动或修改文件，所有的变更会在联网或登录后自动进行同步。

当你需要移动办公时，还可以在你的 iPhone 或 Android 手机上安装 OneDrive 的手机端 APP，随时查看或下载存储在 OneDrive 中的文档。如果你使用的是 Office365，还能享受更多 OneDrive 的便利，如一台设备中的最新文档就是所有设备中的最新文档——当你在笔记本电脑上处理完文档并将其保存至云端，再在你的手机上打开 OneDrive 时，哪怕你已经数周未打开过 OneDrive 客户端，出现的文档也是最新文档。

电脑端 OneDrive 和 Android 手机端 OneDrive 文件已同步

单击任务栏右下方的"显示所有图标"按钮，可以看到此时 OneDrive 已经运行，单击云朵图标后会弹出 OneDrive 软件界面，使用"在线查看"还能用网页的形式登陆微软账号，访问并管理 OneDrive 中的文件。

显示所有图标

运行中的 OneDrive

Office 365 用户可以获得高级版 OneDrive 功能。包括 1TB 网盘、更高级别的保密功能等

在 OneDrive 界面单击"更多 - 设置"，可以打开 OneDrive 的功能设置窗口，查看或更改 OneDrive 的设置，还可以对重要文件夹进行备份以便跨设备访问。

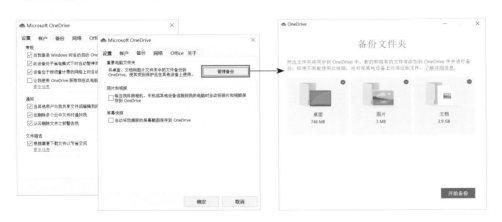

在登录状态下，OneDrive 会自动上传同步本地文件夹中的文件并时时保持最新，这样你就可以在另外一台电脑上下载使用文件或共享给其他用户。即便另一台电脑没有 OneDrive，也可以通过网页端进行下载和管理。

从 PPT 里直接保存文档至 OneDrive
前面提到的功能与市面上其他网盘能提供的服务都大同小异，但 OneDrive

还有一招独门绝技，那就是**支持从 Office 程序内部直接保存文件至 OneDrive**，这一功能极大地提高了我们工作的便利性。

单击"文件"，然后选择"另存为"，即可选择自己的 OneDrive 进行保存。选择后还能看到 OneDrive 中的分类文件夹，和保存到本地文件夹在操作上没有任何区别，非常方便。

如果你使用的是最新版的 Office 365，第一次保存一份新文档时，Office 会优先推荐你将文档保存至云端——直接按 Ctrl+S 组合键，跳出来的保存对话框会提示你此文档将被保存到 OneDrive，如果要选择保存到本地电脑，需要手动选择保存目录。

如果使用的是他人电脑，Office 登录的不是自己的账户，也可以在"另存为"中单击"添加位置 -OneDrive"，弹出对话框，登录微软账户后进行保存。

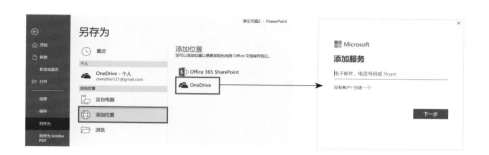

通过 OneDrive 共享文件

使用其他网盘时，可以选择文件后生成下载链接分享给他人，OneDrive 有没有这个功能呢？当然有，这里我们就给大家示范一下如何通过 OneDrive 共享文件。

考虑到不是所有人都安装了 Windows 10 以及 OneDrive，这里使用网页版 OneDrive 进行演示。单击 OneDrive 内文件缩略图右上角的空心圈，将其变为勾选状态，单击"共享"按钮即可弹出共享选项对话框——注意不要直接点到文档缩略图上，那样会直接跳转到 PowerPoint Online 打开文档。

准确勾选文件并单击"共享"按钮后，会弹出共享选项对话框，默认拥有链接的人员都可以编辑文档，如果想要改变这个设置，单击后可取消可编辑权限或设置权限到期日期或密码。

输入收件人邮箱地址后单击"发送"按钮，OneDrive 会向收件人发送一封带有下载链接的邮件，通过这个链接即可下载此文件。

当然你也可以直接单击下方的"复制链接"按钮创建一个链接地址，OneDrive 会自动复制此地址，然后你就可以粘贴到 QQ、微信、微博等社交软件平台分享给他人了。另外，在复制链接对话框中同样可以设置可编辑权限。

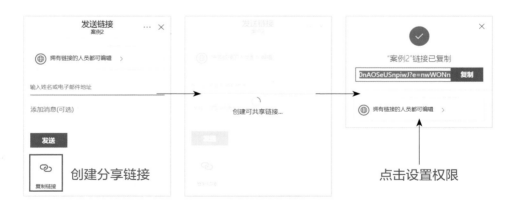

6.4　PowerPoint Online 及协同工作

前面我们看到，通过 OneDrive 可以打开在线版的 PowerPoint 对文档进行处理。事实上，只要你注册有微软账号，也可以直接在浏览器搜索、访问 Office Online，登录在线版的 Office 应用处理文档。

▲ 在线版 Office 拥有完整的 Office 套件服务

Online 版的 Office 应用支持多人同时在线编辑同一个文件，任何人对文件做的改动，都会立刻在其他人的屏幕上显示出来。即便是没有协同工作的需求，当你没有 Office 软件又必须要制作或编辑 PPT 时，只要可以连上网络，PowerPoint Online 便能帮到你的大忙。

下面我们简单了解下 PowerPoint Online 的主要菜单设置。

PowerPoint Online 的主要选项卡及功能

（1）"文件"选项卡：包含另存、共享、打印等文件操作功能。

（2）"开始"选项卡：包含剪贴板、格式刷、版式、字体、段落、绘图等基本功能。

（3）"插入"选项卡：包含表格、图片、联机图片、形状、图标、SmartArt、文本框、符号、联机视频、加载项等功能。

（4）"设计"选项卡：包含主题、变体、幻灯片大小、幻灯片背景格式、设计灵感等功能。

（5）"切换"及"动画"选项卡：与应用程序版类似，但切换及动画类型要少很多。

（6）"审阅"及"视图"选项卡：较少使用，"视图"中可播放幻灯片。

通过共享协同工作

如果在你工作小组内的成员均使用了 Office 365 版本，那么你们还可以直接通过各自的 Office 本地应用程序进行协同工作。

只需将需要协同工作的文档上传保存至 OneDrive，然后打开文件，单击右上角的"共享"按钮，就可以开始邀请小组成员了。当然，你也同样可以通过链接进行邀请。

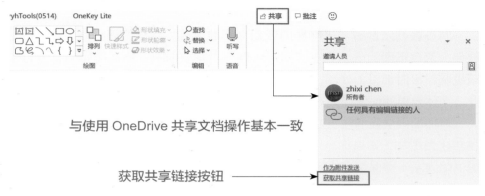

与使用 OneDrive 共享文档操作基本一致

获取共享链接按钮 ————————→

▲ 已上传文档可以直接进入共享协同流程

对于还未上传至 OneDrive 的文档，单击该按钮后会先弹出对话框提示用户先上传文档再进行共享。

总而言之，Office Online 给用户提供了一个完全免费并可以实时协作的 Office 环境。我们可以把它看作是微软对 Google 文档兴起的一种回应。虽然 Google 文档有支持离线使用等优势，但 Office Online 与本地 Office 程序的兼容性让它在在线文档领域也极具竞争力。

6.5　保留高版本PPT效果的方法

PowerPoint 版本不同导致的效果丢失可谓是演示分享中的一个大坑。相信有很多朋友都遇到过高版本制作的 PPT 遇上低版本的播放环境，平面、动画效果丢失或无法编辑的尴尬。为了避免出现这样的问题，最好的方案当然是"用哪台电脑制作就用哪台电脑演示"，可很多朋友办公时都是使用的台式电脑而非笔记本，显然是无法携机出行的。

那么，怎样才能在更换电脑放映 PPT 时还最大限度上保留高版本里的效果呢？下面给大家一些小提示。

保留字体效果

跨设备演示最容易出问题的就是文字的字体。即便是同样版本的 Office 软件，两台不同的电脑上安装的字体也不会完全相同。特别是那些会场的专用电脑，平时都没人使用，更不可能安装有 PPT 设计需要的那些字体了。因此，字体效果的保留是绝对不能遗漏的步骤。

具体的做法我们在 1.9 节里已经详细探讨过，主要是通过嵌入字体或将字体转化为图片，如果你忘记怎么做了可以回翻复习一下，在下一章我们也会提供给大家一种保留字体效果的新方法。

保留图片 / 文字特效

高版本的 PowerPoint 可以为图片添加各种艺术效果，可以对文字进行扭曲转化，这些功能对图片和文字带来的视觉效果改变都比较大，一旦更换了 Office 版本又或是干脆换到了 WPS 等其他演示软件来播放，极有可能带来显著的效果差异。Jesse 老师多年前就遇到过一次这样的情况——在 PowerPoint 里删除背景后置于右下角当装饰的图片，用 WPS 放映时背景部分被神奇地还原了，把页面上的文字遮挡了一大片。想要避免这一类问题，解决办法仍然是将添加了效果的图片和文字剪切、粘贴为新图片。这样，特效就变成了新图片的一部分，与软件功能断开了联系，即便更换播放环境也不会出现效果丢失的情况了。

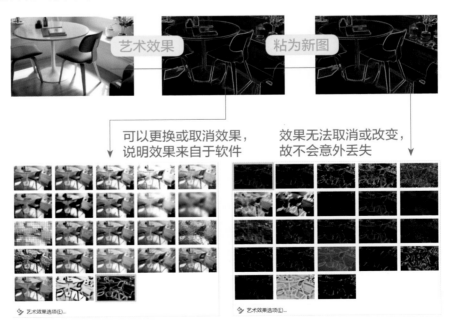

保留 SmartArt 图形效果

如果你经常使用 SmartArt 图形，那么也需要多留意兼容性问题，在保存为兼容格式的 PPT 里，虽然 SmartArt 图形的视觉效果不会丢失，但**图形和内部的文字内容会一并变为图片，无法再进行编辑**。如果想要避免这种情况，可以在保存前把 SmartArt 取消组合变为形状，这样就可以在兼容格式中编辑了。

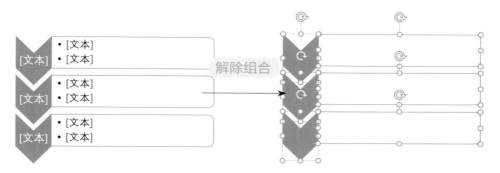

▲ 通常需要解除组合两次才能得到独立的形状部件

保留切换 / 动画效果

PowerPoint 中的切换和动画效果与版本的关联度很高，高版本独有的切换或动画效果在低版本中是无法呈现出来的。为了避免出现这样的情况，最简单的做法就是在制作时避开那些高版本专属动画。如果你不清楚哪些效果是高版本专属的，那就先将文档另存为兼容格式，然后再进入"切换"选项卡，留下的这些切换效果就是能"安全显示"的效果了。动画效果也是如此，兼容模式下不能显示的效果在设置时就直接被隐去了。

▲ 兼容模式下的"切换"效果数量大幅度减少

　　如果你特别想要保留某种切换 / 动画效果，也可以考虑将动画效果录制成视频插入自动播放，但那样灵活度就会降低很多，而且比较容易在衔接时"穿帮"。

6.6　外出演示的最佳选择：自带电脑

　　前面说了一系列争取保留高版本 PPT 效果不丢失的措施，但如果情况允许的话，外出演示最佳的方案还是自带电脑。如果你是长期需要在外做 PPT 演示的商务人士或培训师、教师，选择一台轻便型的电脑随身携带，绝对比每次都操心演示环境更轻松。

　　Jesse 老师目前使用的是微软的 Surface Laptop 2，圈内的其他小伙伴有使用微软 Surface Pro 系列的，也有使用戴尔 XPS 系列的（如大家都熟知的网黄阿文），大都是轻薄便携类笔记本，特别适合外出分享演示。

Surface Laptop 2　　　　　Surface Pro 6　　　　　XPS 13

▲ PPT 达人圈子里常见的轻便笔记本电脑

　　如果你也打算使用这一类轻便型笔记本做 PPT 演示，那么除了电脑本身，可能还需要考虑以下配件。

蓝牙鼠标　　　　　　USB 分线器　　　DisplayPort 适配器　　　VGA 线
省下一个 USB 接口　　同时连接更多设备　　转换线材接口　　　　连接投影仪

6.7　如何控制PPT文件的大小

　　PPT 太大，无论是编辑还是发送都很不方便。网上有很多压缩 PPT 的工具软件，其实很多都只是压缩了 PPT 中的图片质量来缩小文件体积。要想真正控制幻灯片大小，还得在制作过程中就养成好习惯。

使用矢量图片

　　随着人们审美偏好的变化，幻灯片制作的风格也一直在发生改变。但不管是扁平风、Low Poly 风、剪纸风、MBE 风、插画风，它们有个共同的特点就是均以矢量元素为主要装饰成分。

▲ 插画风格 PPT 与 MBE 风格 PPT

　　大量使用矢量元素，不但可以做出符合潮流趋势的 PPT，有效减小幻灯片的大小，还能随意缩放调节这些元素的大小，不用担心画质变模糊。

使用分辨率合适的图片

　　有时我们的 PPT 因为使用场合或是内容形式的原因必须要使用大量照片（如动态相册就只能是以照片为主体），这种情况下就要注意考虑图片的分辨率了。受到投影仪分辨率的影响，再清晰的图片投影效果也有一定上限，如果使用的是办公级别的投影仪，这个局限会更加明显。

　　使用超过投影仪分辨率的图片，在制作时影响处理速度，播放时无法体现优势，这样的亏本买卖一定不要做。

善用压缩图片功能

对于那些已经使用了高分辨率图片的 PPT，我们也没有必要提取图片、降低分辨率后重新插入。在图片格式选项卡中，有一个"压缩图片"功能，这个功能可以帮助我们直接在 PPT 里完成对图片的压缩。

与一些压缩软件不同的是，PPT 里这个"压缩图片"提供了一个可控的参考，我们可以根据选项的建议来选择不同分辨率，对当前图片或整个 PPT 里的所有图片进行压缩。另外，我们还可以选择彻底删除掉经过裁剪的图片未保留的裁剪区域，如果你的 PPT 里存在大量裁剪过的图片，勾选此选项可以有效降低 PPT 的体积，当然压缩之后图片就再不能恢复到未裁剪状态了。

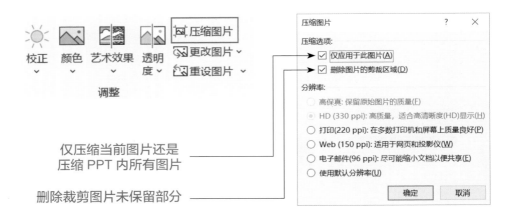

除了手动对图片进行压缩，如果你特别在意 PPT 的体积大小，还可以在选项设置的"高级"设置中勾选"放弃编辑数据"，以及将默认分辨率修改到 150ppi 及以下，这样在保存文档的时候，PPT 就会自动删除裁剪图片未保留部分并压缩分辨率超出限制的图片。

▲ PowerPoint 选项中有关压缩图片的设置

不过，随着 5G 网络的建设和大容量移动存储设备的小型化、USB 接口传输速度的提升，在大多数时候我们已经没有必要在图片上挖空心思下功夫去削减幻灯片大小了。如果 PPT 文档真的大到了好几百 MB 甚至上 GB，那也肯定不是由图片造成的，再怎么压缩图片恐怕也是杯水车薪。

调整音频格式

在 PPT 里插入音频，我们通常可以选择 MP3 或 WAV 格式。MP3 格式的优点在于体积小、音质还不差，但问题在于旧版的 PowerPoint 对 MP3 格式的音频兼容度不好，想要保证音频能够顺利播放，最好还是选择 WAV 格式。不过 WAV 格式体积又非常巨大——在下面这个例子里，原本 3MB 的 MP3 音乐转换成 WAV 后竟然有 44.2MB，增大了近 15 倍！所以，如果能够确定播放环境是 2013 版以上的 PowerPoint，那就优先使用 MP3 格式，这样可以节约很多空间！

裁取视频片段

如果你是一名教师，想要给同学们展示一部电影里的某个片段，显然没有必要把一整部电影全都插入 PPT 里。即便你使用"剪裁视频"功能剪出了视频里需要的片段，但和裁剪图片一样，被剪掉的片段只是不予显示。想要真正将这部分不需要的视频剪掉，我们还需要进行下面的操作。

单击"文件 - 信息"，可以看到案例中的完整视频占用了 103MB，并包含有剪裁区域。单击"压缩媒体"，选择视频的原分辨率进行压缩，压缩完成后就能大大节约空间了——啊哈，有没有发现一个小"彩蛋"？微软负责翻译的同学，把 Save（节约）错误地翻译成"保存"了哦！

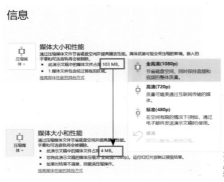

按 2 小时电影剪其中 5 分钟（4%）计算
案例视频大概 80 秒，保留了近 5 秒内容

▲ "压缩媒体"功能可以迅速降低 PPT 文件大小

合理使用及嵌入字体

如果你在一套 PPT 里使用了太多的字体又选择了嵌入字体，PPT 的大小也会明显增加。我们推荐同一套 PPT 最多使用 3 种字体，如果某种字体使用得较少，定稿后干脆转换为图片减少一种字体的嵌入，这样也能有效控制 PPT 的大小。

6.8 PPT的4种放映模式

除了制作海报等平面作品又或是动画影片那样的视频作品，在大多数情况下我们制作的 PPT 都需要进行播放展示。因此，如何放映 PPT 几乎是基础到不需要教的入门级技能——可是你知道放映 PPT 总共有 4 种模式吗？

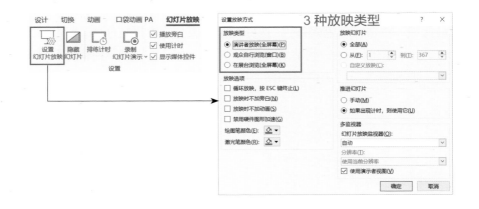

进入"幻灯片放映"选项卡，单击"设置幻灯片放映"按钮，在弹出的对话框中我们可以看到3种放映模式，我们先分别来了解一下。

演讲者放映模式

最常见的演讲者放映模式其实包含了3种不同的操作方法：单屏放映、多屏放映和使用演讲者视图。

单屏放映是我们平时用得最多的放映方法，按 F5 键就能从头开始放映，按住 Shift 键再按 F5 键则可以从当前页开始放映。不过很多人不知道的是，编辑界面和幻灯片放映界面是两个不同的界面，按 Alt+Tab 组合键就能随时切换。如果在演示时发现一些小地方需要改动，就可以迅速切换到编辑视图，不必结束放映。

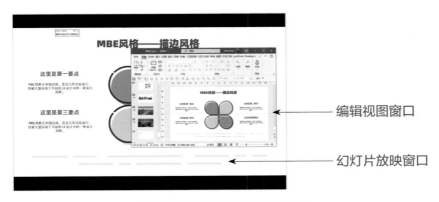

编辑视图窗口

幻灯片放映窗口

▲ 单屏状态下可切换窗口返回编辑

在幻灯片放映窗口晃动鼠标，屏幕左下角会出现翻页、墨迹书写、多页浏览、局部放大、其他选项等多个按钮，单击最右侧"其他选项"按钮会弹出菜单。我们可以通过此菜单在单屏放映和演示者视图两种模式中切换，也可以选择更多其他命令。

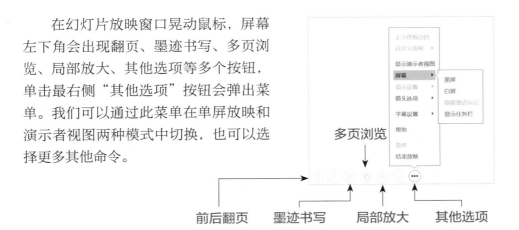

多页浏览

前后翻页　　墨迹书写　　局部放大　　其他选项

　　如果你使用的是 Office 365，还可以体验到微软最新加入的"黑科技"——语音字幕功能。

　　首先在"其他选项"菜单里选择"字幕设置"，调整好字幕的样式，然后单击屏幕上的"语音字幕"按钮开始演示讲解，PPT 就能根据你的讲述内容在屏幕底部自动生成字幕，识别正确率还是挺高的。如果你需要用外语来讲解 PPT，还可以在"幻灯片放映"选项卡最右侧进行字幕语言设置。

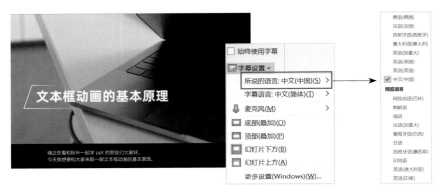

▲ 按实际需求设置字幕语言可以确保语音识别的准确性

　　你甚至可以在字幕设置里将"所说的语言"和"字幕语言"设置为不同的语言，PowerPoint 会自动帮你完成翻译，将翻译后的字幕投影出来！

连"文本框动画"这样的词都能译

▲ "语音字幕"功能还能实现对讲述内容的实时翻译

在电脑连接投影仪的前提下，我们可以使用多屏放映的方式来播放幻灯片。具体来说就是按 Windows 徽标键 +P 键，把投影模式切换到扩展模式。设置完成播放幻灯片时，幻灯片的放映窗口会仅在扩展显示器即投影仪上出现。这样，我们就可以一边投影一边编辑 PPT 文档或进行其他操作了。

演讲者放映模式下最后一种播放幻灯片的操作方法是使用演示者视图。在"幻灯片放映"选项卡勾选"使用演示者视图"后，连接投影仪按 F5 键即可进入演示者视图模式。若未连接投影仪，则勾选此选项无效，不过按 Alt+F5 组合键开始放映，可强制使用演示者视图，推荐大家试试看。演示者视图可以在观众毫不知情的情况下在电脑屏幕上显示提词备注、下一画面预览等极为实用的信息，能极大地提高演讲演示效果。

▲ 扩展模式等于是加宽了显示屏，非常适合多任务并行的工作环境

扫码看视频

已用时间

当前画面
（观众视角）

放映命令

放映进度

下一画面

提词备注

观众自行浏览模式

观众自行浏览的幻灯片与演示者自己播放的幻灯片最大的不同是采用了窗口化而非全屏播放幻灯片，并且取消了演讲者放映模式下的那一系列功能按钮。

使用这一模式播放幻灯片，你只能单纯地翻页浏览幻灯片，而无法在页面上使用墨迹书写等工具对 PPT 内容进行圈点勾画，也无法使用语音字幕功能，仅仅可以使用"放大"或"定位到特定幻灯片"这一类浏览辅助功能。

其实这也很好理解，毕竟这一模式的预设场景就是提供给观众自行翻阅，那些演讲辅助功能也都没有存在的理由了。

展台浏览模式

展台展览比较类似于万象城等大型购物中心的电子导览屏幕，最大的特点是除了按 Esc 键退出播放外，整个播放过程不能人为控制——无法手动翻页、没有右键菜单，但支持超链接。如果有心下放一点控制权，制作者可以在制作时就放置好"上一页""下一页""回到开头""跳到结尾"等按钮，以帮助观众有限地控制 PPT 展示的进程。

除此之外，也可以为幻灯片设置自动换片时间，让 PPT 可以自动循环播放。这样幻灯片就具备了两种播放速度——无人浏览时能够以轮播的形式自动展示内容，有人浏览时又可以把控制权适度转交给观众，由观众自行控制浏览进度。

设置自动换片的功能在"切换"选项卡最右侧，勾选并填入换片时间即可。

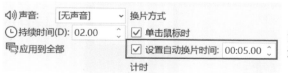

▲ "切换"选项卡下的自动换片设置

联机演示模式

按照微软的功能设置分类，"联机演示"其实是独立于 3 种幻灯片放映模式之外的一种放映方式，不过为了方便大家学习掌握，这里我们还是把它也看作一种幻灯片放映模式。

还记得我们在本章开头提到的那个场景吗？领导出差，你有一份重要的PPT必须要发给他过目，可他却没带电脑……除了给领导的手机发文件，你还有另外一种选择，那就是使用"联机演示"。

在"幻灯片放映"选项卡单击"联机演示"，在弹出的对话框中单击"连接"按钮，稍等片刻即可进入联机状态。PowerPoint将提供一个公共链接，你可以将其发送给远程观众。收到广播链接的任何人均可以观看联机演示。请记住，如果观众将该链接转发给其他人，则收到链接的人员也可以使用该链接观看。

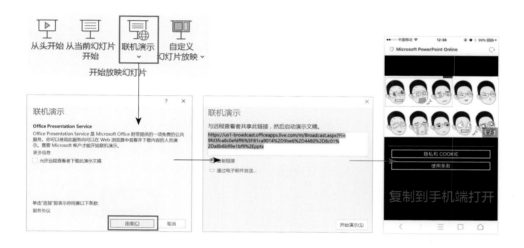

"联机演示"的一大优点是可以由演示者实时控制幻灯片的演示进度并且可以一对多地进行广播（类似直播）。但它的缺点也是显而易见的，首先是只能广播PPT页面，讲解部分还得另外想办法；其次受网速影响，国内用户很多时候无法连接到微软服务器，因此实际使用价值比较有限。

6.9　幻灯片讲义的打印

有时我们参加培训时会收到打印的培训材料，翻开一看发现材料上左侧是 PPT 的页面图片，右侧则留有空位便于我们一边听讲一边做笔记，这难道是培训师把每页 PPT 都截图导出，在 Word 里排版制作出来的吗？

当然不是了，这样的培训材料都是直接通过 PowerPoint 打印出来的。进入"视图"选项卡单击"讲义母版"可以编辑讲义母版的结构。讲义母版比较简单，和幻灯片母版一样，可以插入各种元素及页眉、页脚、时间和页码。我们也可以在工具栏中设置讲义方向及每页的幻灯片数量等参数。

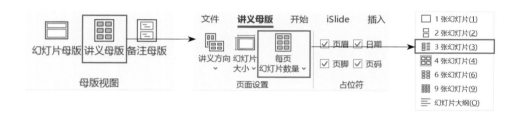

选择"每页 3 张幻灯片"，可以输出为听众留有笔记空位的讲义版式。在打印之前也可以简单设计下讲义母版，完成后进入"文件 - 打印"即可打印讲义。

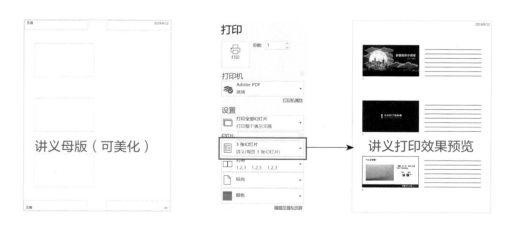

打印时黑白稿看不清怎么办

既然是打印，就难免会遇到下面这个问题——PPT 页面在电脑中看配色很精彩，但是打印出黑白讲义就分不清颜色深浅了。别急，这里有几种比较典型的情况及解决办法，或许可以帮到你。

问题	对策
数据图表不同系列数据颜色亮度比较接近，做成黑白稿时灰度就比较接近，难以分辨	在"视图"选项卡单击"灰度"，检查哪些地方颜色对比不那么明显。重新定义这些颜色的灰度
文字衬底色块在幻灯片播放时效果不错，但是做成讲义，底色会影响阅读	重新定义这些底色在灰度稿中的灰度，一般直接改成白色
深色的背景，用来播放效果很酷，不过做成讲义就变成了大块黑色，太难看	在打印讲义的时候，选择灰度或黑白模式

▲ 打印黑白讲义时可能遇到的问题及对策

这里具体解释下如何重新定义颜色的灰度。

首先进入"视图"选项卡，找到"颜色/灰度"功能区，可以看到3个按钮，分别是"颜色""灰度"和"黑白模式"，默认选中的是"颜色"。

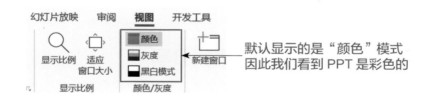

选中"灰度"后，幻灯片的颜色会发生显著变化，所有颜色都会以黑白灰3色来显示，工具栏也会自动进入"灰度"选项卡状态。不过由于现在我们没有选中任何对象，工具栏中的各种灰度方案按钮都是灰色不可用状态。

灰度方案（不可用状态）

当选中不同对象时，灰度方案的按钮就会亮起，显示当前该对象采用的方案，如果你觉得这个方案不合理，那就改选其他方案，调整视觉效果。

如在当前默认的方案下，右下角标题文字被转换为黑色，和背景的深灰色混在一起之后难以分辨。只需进入母版视图（标题在母版版式中，页面上无法选中），选中标题文字，单击灰度方案中的"白"，就可以手动将其设置为白色，这样就能看清了。

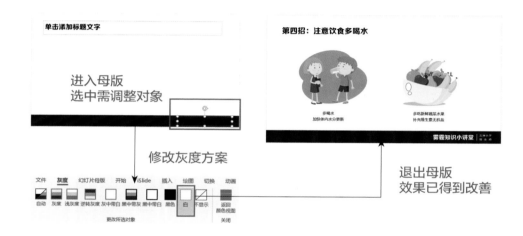

6.10 将PPT转为图片进行分享

线下授课或分享需要把 PPT 打印出来分享，那如果是线上分享呢？比如想在微信群里进行一次分享，是不是需要把 PPT 转为图片呀？嗯，没错。因此，将 PPT 转为图片也是我们在分享时经常会用到的操作。本节我们就来聊聊这个话题。

将 PPT 另存为高精度的图片

把某一页幻灯片用下面 7 种不同的方法转为图片，然后放大进行画质对比：①选中页面缩略图复制然后粘贴为图片；②保存为 JPG 格式；③保存为PNG 格式；④在播放状态截屏；⑤另存为 PDF 后用高分辨率转换为 JPG 图片；⑥另存为 PDF 后用低分辨率转换为 JPG 图片；⑦保存为高分辨率 JPG 图片。

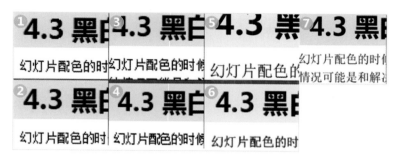

▲ 这些 PPT 转图片的方式你都尝试过吗？

不难发现，采用方法⑤和方法⑦得到的图片效果最好，采用方法①得到图片效果最差。不过方法也要结合实际需求来考量，⑤和⑦的方法虽然效果不错，但操作起来相对费事儿，如果你真的只需要在微信群里分享使用，通常方法③生成的图片质量就足够了。以 PowerPoint 默认的页面尺寸（高度19.05 厘米）另存为 PNG 图片，分辨率是 1280×720，水平宽度 1280 像素，而目前主流全面屏手机分辨率为 2340×1080，水平宽度仅支持 1080 像素。也就是说，就算在微信里点开大图，只要不横屏浏览，图片的分辨率都是超过手机显示屏分辨率的。

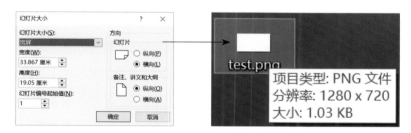

▲ 默认宽屏尺寸 PPT 页面另存为 PNG 图片，分辨率足够进行分享

所以啊，你可以直接在"文件 - 另存为"中将 PPT 的文件类型选择为PNG 格式转图导出。如果实在想要追求更高的分辨率，也可以用 iSlide 等插件的导出功能一键导出超清页面。

把 PPT 页面拼成长图

做完了一套 PPT，除了在正式场合播放，还有很多人会选择发微博。一些 PPT 爱好者平时练手制作的 PPT 或是出于兴趣就某个热点话题制作的 PPT，甚至一开始就只是为了发微博而已。发微博就免不了用到拼图功能，如果 PPT 页数很少，用微博自带的拼接功能就足够了；如果页数较多，那就需要用到其他工具。

目前市面上的大多数图片处理软件都支持图片拼接，很多手机 APP 也有类似功能，但将 PPT 导出的图片传到手机、存到相册，再来拼图还是多有不便。可以尝试使用一些网页端的工具，如美图秀秀网页版。

只需搜索"美图秀秀"即可找到网页版页面，不管是界面还是功能，都与桌面版本相差无几。单击"拼图 - 图片拼接"即可看到拼图界面，单击"上传图片"即可开始拼图，最多支持 28 张图片。

▲ 网页版美图秀秀中的图片拼接功能可以拼接长图

在左侧的设置面板中，我们可以根据需要选择拼图的方向、设置图片间距、边框的形状和样式等参数。设置后可以调节右下角的缩放比例放大查看效果，确定后进入"保存与分享"选项卡即可保存或直接分享。

将动态PPT保存为视频

如果你使用的是 PowerPoint 2010 以上版本，想要将动态 PPT 保存为视频，无须借助其他软件，直接就可以在 PowerPoint 内部完成。具体的步骤如下（2010 版功能位置略有不同）。

（1）单击"文件 - 导出"　　　（2）单击"创建视频"

（3）选择视频格式及质量　　　（4）单击"创建视频"按钮

也可以直接在"另存为"选项中将"保存类型"选择为 MP4 或 WMV 格式。如果采取这种方式，PowerPoint 会直接按默认选项把文件另存为视频。

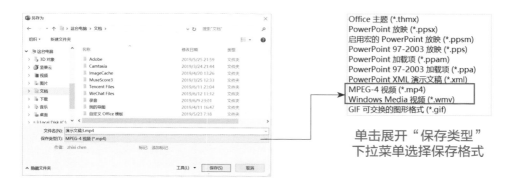

单击展开"保存类型"
下拉菜单选择保存格式

6.12　微软听听：PPT线上分享新形态

　　最近两年来微信小程序是越来越火，功能也越来越强大，或许你已经见过各种各样的小程序了，但你见过可以用来完成 PPT 分享的小程序吗？

　　今天我们就向你推荐一款由微软公司官方出品的小程序——微软听听。有了它，你就可以非常方便地在微信里做 PPT 分享了。

　　在微信里单击搜索框，选择"小程序"，输入"微软听听"，搜索并打开这款小程序，然后单击底部的"创建"，就可以开始创建听听文档。

切换到小程序分类　　　搜索"微软听听"　　　创建文档

　　文档的创建可以通过云盘、手机相册图片、电脑上传等多种方式进行。如果选择通过电脑上传，小程序会提示你打开指定的网页，使用微信扫码登录之后即可上传 PPT 文档。

单击上传按钮上传PPT文档，上传完毕之后，网页会返回你一个二维码。

用手机扫码之后，就可以进入录音环节。文档的每一页底部有录音按钮，你可以像发送微信语音消息那样按住按钮开始录制语音讲解，录完后滑动翻页继续录制下一页（每一页都会以静态图片形式呈现）。等所有的页面都录制完毕，单击右下角的箭头，设置好权限单击"生成语音文档"，一份微软听听文档就创建好了。将它分享到微信，大家就可以边看幻灯片边听你的分享了！

7

善用插件
制作更高效

- 为什么高手们的 PPT 做得又快又好？
- 为什么他们的 PPT 很多功能我没有？

这一章，揭示谜底！

7.1　"插件"是什么

　　"插件"这个词，相信大部分游戏玩家都不会陌生。所谓插件，就是与主程序并行的辅助工具，能够依附于主程序，实现一些原本不能实现的功能，给程序使用者带来更多的方便。

　　以大家都很熟悉的游戏《英雄联盟》为例，游戏中防卫塔会自动攻击进入火力圈的敌方单位。对于那些刚刚接触游戏的新人来说，很难准确估算防卫塔的攻击范围，往往一时失误就白白送命。曾经就有一款游戏插件，可以在玩家靠近这些防卫塔时准确显示出防卫塔的火力圈，大大减少了玩家给对方"送人头"的可能性。

防卫塔会自动攻击敌对玩家　　　　　　插件可显示出防卫塔的攻击范围

　　当然，作为对战类游戏，这样影响公平竞技的插件，官方是明令禁止的。但对于我们普通人制作 PPT 来说，并不存在什么比赛和公平竞技，如果能拥有一款能帮我们省时省力完成 PPT 制作任务的辅助工具，那自然是人人欢迎。在这样的需求驱动下，各种各样的 PPT 插件也就应运而生。它们有的可以提高制作效率，有的可以美化设计效果，有的可以方便我们寻找素材。本章我们就一起来了解一下这些辅助我们完成 PPT 制作的"神器"。

7.2 目前都有哪些流行的PPT插件

随着 PowerPoint 在功能上的大幅度提升，可挖掘拓展的功能增多，各种插件也随之如雨后春笋般地冒了出来。在这里首先要感谢那些不计回报的插件开发者们，是他们牺牲自己的时间，克服重重困难才制作出了这些为我们节省大量时间的插件神器，他们的奉献精神值得我们每一个人敬佩和学习。

在本章，我们会向大家重点推荐和介绍目前市面上功能较为强大的 3 款主流插件，它们分别是：

iSlide 插件

iSlide 插件的前身是问世较早的 Nordri Tools（NT 插件），2007 年年中，iSlide 插件正式与大众见面并接替了 NT 的位置。依靠高效的功能和强大的资源库，这款插件迅速征服了大众，如今无疑是市面上最流行的 PPT 插件。

▲ iSlide 插件功能区一览

OK 插件

OneKey Tools 简称 OK，和 iSlide 不同的是，它几乎是由作者 @ 只为设计 独立开发完成。作为一名极具奉献精神的 PPTer，@ 只为设计 不但开发了强大的 OK 插件，还详细录制了每个功能的介绍视频，编写了一系列插件教程，帮大批 PPT 小白走上了进阶之路。如果说 iSlide 是注重提升效率的干练女白领，那 OK 就是在功能上不断突破的技术宅，它的强大让人咋舌，如果用游戏里的判断标准，或许它已经不再是插件，而是需要被封禁的"外挂"了。

OK 插件的功能实在是太多，以至于使用一行截图根本放不下，所以这里把它"剪断"成两部分给大家展示。

▲ OK 插件功能区一览

PA 插件

口袋动画（Pocket Animation）简称 PA，最早由安少创立的大安工作室开发完成，后被金山 WPS 收编。这款插件是目前功能较为强大的 PPT 动画插件，借助它，你可以做出很多 PPT 里根本不存在的动画效果，让你的 PPT 独一无二。

背靠金山公司，PA 插件不断升级迭代，还新增了 WPS 版本。除了同样拥有资源库、动画库等资源类功能，PA 还加入了各种"一键生成"的黑科技——从文字云到抖音爆红的快闪、TypeMonkey 等特效，它都能帮你迅速搞定。

▲ PA 插件功能区一览

7.3   iSlide插件的资源库

前面我们说到，iSlide 插件是如今市面上最流行的 PPT 插件。之所以能做到这一点，和它包含丰富的素材资源库分不开。目前最新版本的 iSlide 插件拥有案例库、主题库、色彩库、图示库、智能图表、图标库、图片库、插图库总计 8 大资源素材集，覆盖了 PPT 制作的方方面面。

以第 2 章我们和大家介绍过的图标素材为例——没有安装插件时，我们需要打开浏览器、访问"阿里巴巴矢量素材库"、搜索图标、下载图标、插入图标，然后才能根据需要调节图标的大小、颜色，配合文字使用。如果之后觉得这个图标还是不够好，那就得再次搜索下载新的图标，然后又进行一次调整……**是不是光看这段话都觉得累得不行？**

而如果你安装了 iSlide，只需单击工具栏上的"图标库"按钮，在弹出的界面直接就可以进行图标的搜索和下载了，全过程都在 PowerPoint 内部完成。

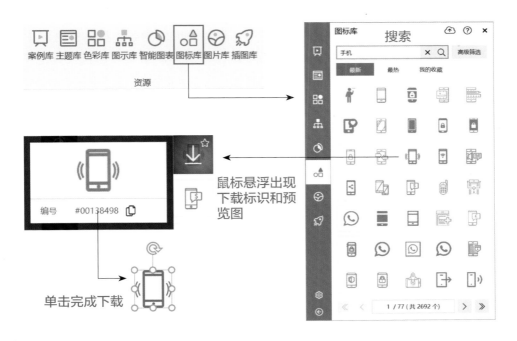

从 iSlide 下载的图标是形状格式，我们可以直接使用"形状填充"来修改它的颜色。如果对这个图标不满意，还可以选中该图标，在图标库中挑选其他图标进行下载。下载的新图标会直接替换掉之前的图标，并继承它的大小和颜色等设置，你再也不用费时费力地重做一遍调整了。

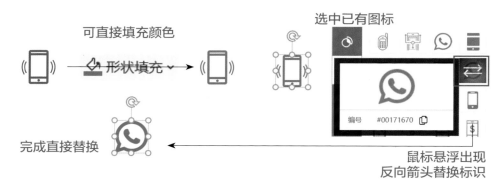

▲ iSlide 下载的图标可方便地改色和更换其他图标

　　因为篇幅原因，我们无法一一展示各项资源库的内容，在这些资源库中，色彩、图标、图片、插图是完全免费的，其余 4 种资源库都包含有较多数量的会员资源，需要购买会员后才能使用（与此同时免费资源数量也不少），大家可以根据自己的实际需要考虑是否需要购买。

付费会员主题模板　　　　　　　　　　　　付费会员智能图表

7.4　使用 iSlide 导出幻灯片长拼图

　　在第 6 章，我们聊到过如何将 PPT 导出图片、利用美图秀秀拼成长图发微博，整个过程需要先将 PPT 以图片的方式导出，然后再上传图片进行编辑，最后下载拼图。这个过程说复杂也不算太复杂，但始终有些不便，而且如果没联网则一切免谈。还好我们如今有了更好的解决方案——使用 iSlide 制作长拼图。

⚙ 使用 iSlide 插件导出长拼图

这里我们选用 iSlide 案例库中的一份卡通风格的 PPT 作为拼图案例。

打开 PPT 后，单击 iSlide 工具栏中的"PPT 拼图"，插件会弹出拼图对话框。对话框左侧是参数设置区，右侧则是拼图预览，在预览区域滚动鼠标滚轮可以检阅拼图效果。

成品宽度自定义，最大支持 5000 px

横向数量 2，故每行两图；又因上方勾选了"包含封面"，故第一页为单独大图

成品尺寸

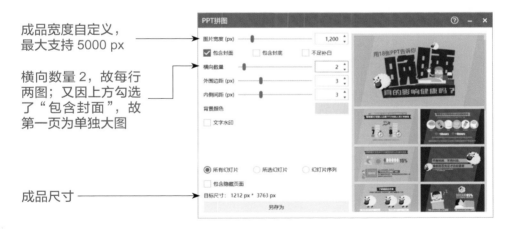

根据需要在本页完成参数设置。这里把部分设置的功能作用注明一下，一些比较简单的选项相信大家自己都可以理解，就不一一解释了。唯一不太好理解的是"不足补白"功能，这个功能和其他功能为联动关系——当横向数量设置为2及以上时，有可能出现拼图末尾缺页才能凑齐完整矩形的情况，

如果未勾选"不足补白"，这个缺口就会直接显示为背景颜色；如果勾选了此选项，插件就会使用白色矩形填补缺口。

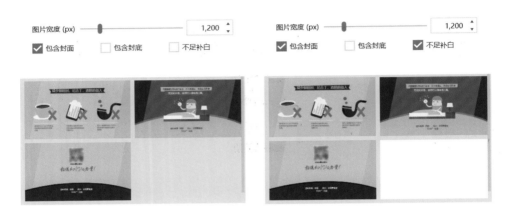

完成所有设置之后，单击另存为，就可以将长拼图导出保存了。

 使用iSlide插件进行高级复制

矩阵布局

在第 4 章中，我们和大家介绍过 F4 键"重复上一步操作"的功能，这个方法虽然简单快捷，但有个问题就是**不适用于数量较多的复制**——一边数数一边按太慢，长按又太快，以至于不知道复制出了多少个对象。如何才能快速复制出指定数量的对象呢？iSlide 帮你搞定！

扫码看视频

✿ 使用 iSlide 插件 1 分钟绘制电影购票选座图

首先在 iSlide 插件的图标库中搜索"沙发",下载到座位图标,填充好颜色。

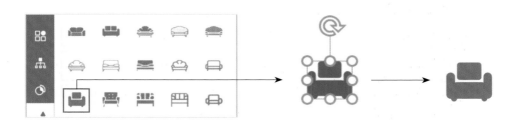

假设电影院里有 13 排,每排 30 个座位,我们需要复制出 13×30 共计 390 个座位,这工作量显然无法手动复制。我们选择使用 iSlide 的"矩阵布局"功能来完成。

选中图标,单击 iSlide 插件工具栏中的"设计排版 - 矩阵布局",弹出对话框,在对话框中将横向数量设置为 30,纵向设置为 13,纵向间距设置为 120%,单击应用或直接关闭对话框,390 个座位就已经绘制完成了。

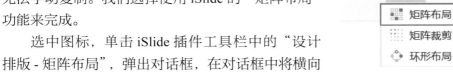

按照影院布局,框选前 3~4 排座位向上拖移一段距离,然后对称删去两侧的一些位置,影院购票选座图就绘制好了。你还可以选中其中一些座位更换填充色,做出已被选座的效果。

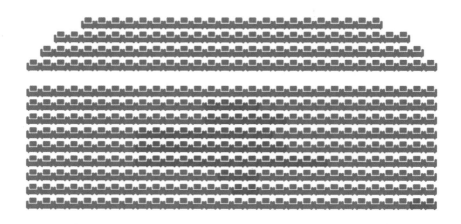

　　有的同学可能会发现很难在这么多座位里选中影厅中心的座位进行填色，有个办法是放大显示比例，先从一个方向框选大半行座位，然后按住 Shift 键再从同侧框选不需要换色的部分，此时这些第二次选中的座位就会被从选中对象中排除出去。通过这样两次框选，就可以只选中影厅中心区域的座位了。

环形布局
　　如果说矩阵布局还只是降低了机械的重复性体力劳动的话，那环形布局功能就可以说是**大大降低了脑力劳动量**。
　　环形复制的基本原理与矩阵复制一致，只是复制之后的对象并非纵横分布，而是以环形的形式围绕在原对象周围。下面我们来看一个具体的案例。

⚙ 使用 iSlide 插件快速绘制表盘
　　本例中的表盘分为两类，一类不带刻度线，另一类带刻度线，这两类不同的表盘刚好用到"环形布局"功能的两种不同模式。先来看不带刻度线的表盘画法。
　　按住 Shift 键绘制出圆形，然后按照右下图的设置做出三维效果做好表底面。

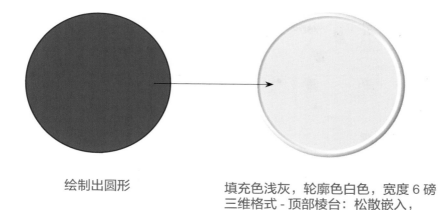

绘制出圆形

填充色浅灰，轮廓色白色，宽度6磅
三维格式 - 顶部棱台：松散嵌入，
材料亚光，光源柔和，角度275°

　　新建文本框，输入数字10，设置好字体字号及文本居中，移动到表盘中央与表盘做居中对齐；单击iSlide插件的"设计排版 - 环形布局"，在弹出的对话框"数量"一项设置中输入12，回车确定，就可以环形复制出12个数字10。

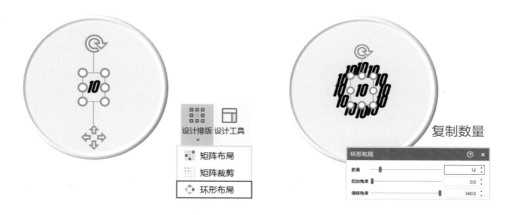

复制数量

　　拖动对话框下半部分"布局半径"一项的滑块，增大半径值并实时预览，直到环形分布的位置合适为止；删除原数字，修改环形复制出来的数字为1~12，即可完成数字款表盘的绘制。

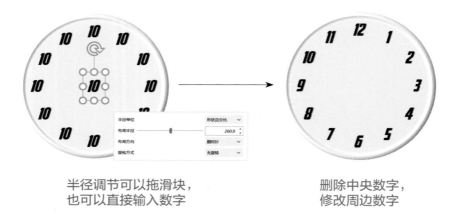

半径调节可以拖滑块，
也可以直接输入数字

删除中央数字，
修改周边数字

　　如果要制作刻度型表盘，大体方法还是和上面一致，把数字换成短竖线就可以了。不过，由于短竖线自身不具备宽度，因此半径单位不能使用"形状百分比"，可以改为"点"，然后设置半径到合适数值，使竖线的位置落到表盘内；最后修改"旋转方式"为"自动旋转"，刻度就可以呈放射性自动旋转分布好位置了。

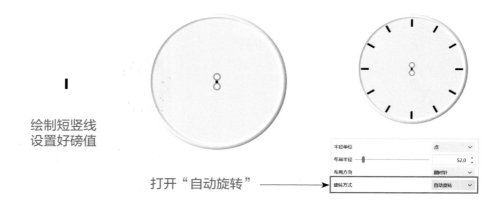

绘制短竖线
设置好磅值

打开"自动旋转"

　　试想一下，如果没有插件，我们只能手动复制出短竖线，计算每一个刻度的旋转角度。想要精确摆放其位置，还得绘制辅助圆，与短竖线组合，最后复制出 12 份，逐一调整角度，对齐后再逐一删除辅助圆——工作量之大，光是想想都足以打消制作的念头了。

每个刻度增加 30°

绘制辅助圆组合

复制且逐一调整角度

 7.6 ## 使用iSlide插件批量裁剪图片

还记得前面我们使用 SmartArt 的图片排列功能快速统一图片尺寸的招数吗？这一招虽然方便，但在实际运用时必须有一个前提条件——我们只要求统一图片的尺寸，而对统一之后的具体尺寸是多少没有要求。一旦要求**将图片快速统一成某个特定的尺寸或比例**，SmartArt 就无能为力了。

如果遇到这一类需求，不妨试试 iSlide 插件的"批量裁剪"功能。

✿ 使用 iSlide 插件一键统一图片比例尺寸

下图中的 PPT 页面上有一系列大小不一的图片，这些图片不但尺寸不同，比例方向也各不相同，现在我想让你一次性把所有图片都变成一样大的正方形，而且画面还不能挤压变形（也就是说只能通过裁剪调整大小），你办得到吗？

其实很简单，全选所有图片，单击 iSlide 插件的"设计排版 - 裁剪图片"，在弹出的对话框中填入正方形尺寸（如 60 毫米 ×60 毫米）即可。

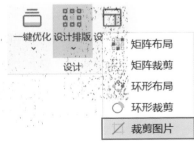

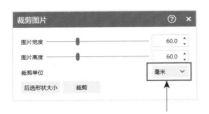

默认单位是磅，需要切换一下

所有图片已被统一裁剪为正方形 ——

　　如果你没有特定想要调整的尺寸，只是想统一所有图片的比例，则可以将某一张你想作为标准的图片放在一旁，**先框选其他图片，然后按住 Shift 键加选该图片**，使其最后被选中。使用 iSlide 的裁剪图片功能时，单击"后选形状大小"，然后再单击"裁剪"就可以把所有图片都裁剪为该图片的比例。

　　iSlide 提供的这个批量自动裁剪功能会自动拾取图片的中心部分进行保留。完成裁剪后，如果发现有裁剪效果不理想的图片，可以选中后单击"裁剪"回到裁剪状态调整裁剪区域进行修正。

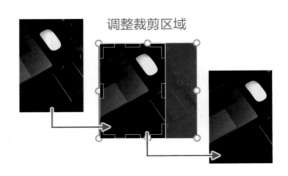

7.7 iSlide插件的其他功能

因为篇幅有限，这里不能将 iSlide 插件的所有功能都逐一介绍一遍，就再利用一节内容，对插件的其他常用功能做一个简单的介绍吧！

统一字体

在讲到主题、版式的知识时，我们曾经说到过通过主题来统一字体的方法及这套方法的优点。但有些时候，我们需要修改的 PPT 并未通过主题进行字体设置，无法通过更改主题字体来批量修改文字字体，而原 PPT 中很有可能又使用了各种各样的字体，导致进行"替换字体"操作也相对麻烦。

此时，只需使用 iSlide 插件的"一键优化 - 统一字体"功能就可以快速完成所有字体的统一——不管这些文字原本是什么字体，是在文本框里的文字还是在占位符里的文字，全都可以一键统一，为修改 PPT 节约大量时间。

不使用主题字体功能，只针对现有文字进行强制更换（不推荐）

使用主题字体功能，后续新建文本框也以此方案统一（推荐）

▲ 统一字体功能有两种不同模式，推荐使用主题模式

控点调节

此功能可以精确调节形状的控点数据，帮助我们构建更加精确的形状外形。例如，基本形状中的"不完整圆"，绘制完成后拖动控点可以改变它的面积。如果想用它来绘制 63% 的饼图，如何才能将控点准确地设置到 63% 的位置上呢？

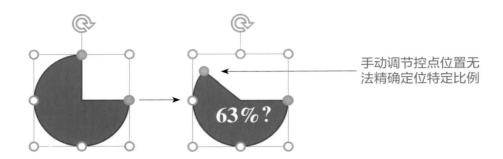

手动调节控点位置无
法精确定位特定比例

63%？

　　我们可以选中形状，单击 iSlide 插件的"设计排版 - 控点调节"，弹出的
对话框中列出了两个控点的位置。两个控点均以 3 点钟位置为起点，顺时针
旋转为正，逆时针旋转为负，故控点 1 初始数值为 0，而控点 2 则为 -90。

　　简单做一下计算：整个圆为 360°，对应 100%，则 3.6°对应 1%，63% 比
默认"不完整圆"形状（四分之三圆）少了 12% 的面积，故应该在 -90°的基
础上再减去 43.2°。将控点 2 的值改为 -133.2，就可以得到 63% 的饼图了。

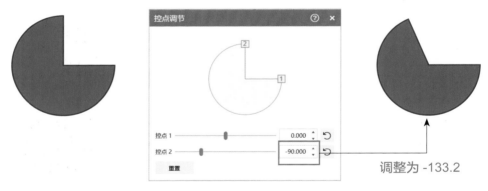

调整为 -133.2

▲ 有了控点调节功能，一些简单的饼图就没必要使用图表功能了

形状补间

　　补间原本是 iSlide 开发的一个动画功能，它能在两个形状对象之间生成
自定义个数过渡状态的对象，再通过"闪烁一次"的动画，制作出逐渐过渡
的效果。过渡变化的属性包括形状的大小、位置、颜色、阴影、柔化边缘甚
至锚点和三维旋转等方方面面。

　　听起来是不是有点像我们在 5.35 节里说过的"平滑切换"？既然有了软

件源生的功能，那插件提供的功能是不是就没用了？

并非如此。"网黄"阿文就利用这个功能做出了一系列惊艳的平面作品，活脱脱地将"补间"变成了一个**造型设计工具**。

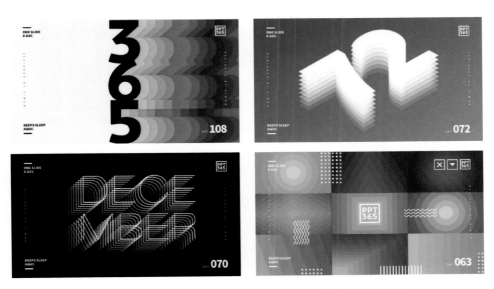

▲ @Simon_ 阿文 在微博上发布的一系列用补间制作的海报

在补间功能的帮助下，这些海报的制作变得异常简单。以第一张海报为例，我们只需在页面中央放置好输入了 365 的文本框——如果只使用一个文本框的话，需要调节文本框宽度、设置行距，使得文字可以像叠罗汉那样叠置起来。按住 Ctrl 键和 Shift 键向右拖动复制一份，然后按两下 F4 键，得到 4 个文本框。

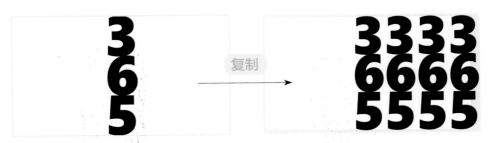

▲ 使用 F4 键快速复制出 4 个文本框

调整文本框的位置如左下图所示，打开对象窗格，调整文本框层次关系，使左侧文本框位于右侧文本框上层，然后分别填充文字颜色为黄色、红色、桃红色、蓝色。

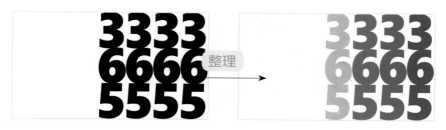

▲ 把所有文本框收入页面范围，调整对象层次并填色

选中前两个文本框，使用 iSlide 插件的"补间"功能，在弹出的对话框中填入补间数量 5，取消勾选"添加动画"，单击"应用"按钮。插件会自动在两个文本框之间生成 5 个新的文本框，文字的颜色呈阶梯性变化。

▲ 使用补间功能生成颜色呈阶梯性变化的文本

使用同样的方法生成右侧两个文本框之间的过渡文本，然后在最左侧复制出一个黑色文本框，全选所有文本框重新进行水平分布并添加阴影：

最后再做一些细节的处理，如使用形状遮盖黑色数字下方黄色数字的尖角，填补黑色数字"6"中间的空白，添加搭配文案内容等即可完成设计。

7.8 OK插件，将简化进行到底

前面我们说过，插件存在的意义很大程度上就是为了简化操作，那**一些本来就非常简单的操作，还有继续简化的可能性吗？**例如，绘制一个简简单单的矩形或圆形，正常状态下也就是选中形状绘制工具、拖曳绘制，整个过程就需要单击两次鼠标，还有简化的可能吗？你别说，还真有！

⚙ 用 OK 插件快速制作图片展示小标题

在图片展示型 PPT 中，我们经常能看到下面这样的小标题——因为有底部半透明矩形的衬托，标题文字既不需要占据额外的空间，又不会与画面混在一起，同时还可以兼顾多张图片标题形式上的统一，可以说是一举多得。

文字清晰可见

文字无法看清

要制作这样的效果，有一个麻烦的地方就是绘制的矩形必须要和照片一样宽。如果靠 PowerPoint 的矩形绘制功能，很难一次性就画出这么标准的矩形来。即便看起来矩形和图片宽度差不多，但放大后往往会发现还是差那么一点儿，需要对矩形宽度作二次调整。

等到调整完毕，设置好颜色透明度等样式，还要再复制、移动对齐其他图片使用。如果这些图片大小不一，我们还要根据图片宽度再次调整矩形的长度。

下面再来看使用 OK 插件"插入形状"功能的做法。

首先选中所有需要添加小标题的图片，然后单击 OK 插件的"插入形状"按钮，所有的图片都会瞬间被盖上与自身尺寸一致且无轮廓线的矩形。

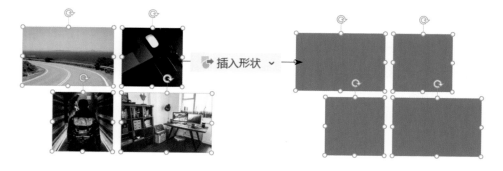

虽然此时选框看起来没有变化，但被选中的其实是已经变成了图片上层的矩形了。因此，我们可以直接向下拖动某一个矩形选框边缘的中点，压缩所有矩形的高度；使用形状填充，统一更改所有矩形的颜色；拖动透明度游标，统一调整所有矩形的透明度——留给你分别完成的，仅仅只有输入文字而已，效率得到了大幅度提升。

同时调整所有矩形大小　　　　　　同时调整所有矩形颜色和透明度

　　除了直接单击，OK 插件中的"插入形状"功能还附带两个下拉菜单，一个是"插入圆形"，用法和上面插入矩形用法一致。如果选中的是圆形对象，会插入一个与之等大的圆形或椭圆；如果选中的是矩形对象，则会插入一个与矩形四边内切的圆形或椭圆。另一个是"全屏矩形"，单击后可以直接插入一个与屏幕等大的矩形。

　　之前我们曾在不同案例中多次用到插入全屏矩形这一手法制作渐变或半透明遮罩，有了 OK 插件，插入全屏矩形再也不用自己去绘制了，只需要轻轻一点，全屏大小的矩形就会直接出现在页面上。

7.9　用OK插件让"对齐"乖乖听话

　　"对齐"可以说是 PPT 排版中最常用的命令之一了——拿到朋友让帮忙修改的 PPT，很多时候你只需将页面上的各种元素用"对齐"命令稍微规划收罗一下，整个 PPT 给人的感觉立刻就能焕然一新。

但是，在 PowerPoint 中，"对齐"命令却存在着一点缺陷。到底是怎么回事呢？我们通过一个实例来了解一下。

扫码看视频

⚙ "对齐"命令的缺陷与 OK 插件的解决方法

在 PowerPoint 里，源生的"居中对齐"命令在执行时会分两种情况——如果对齐的两个对象，在对齐的方向上相互之间不存在包含关系，则两个对象均朝中间移动一段距离实现对齐。

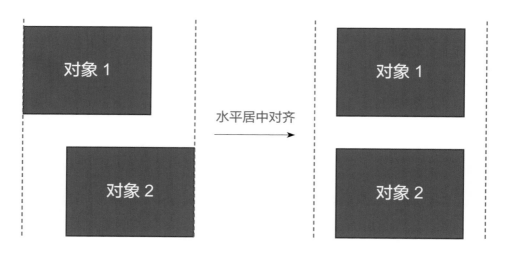

如果两个对象在对齐方向上存在包含关系，则总是被包含对象移动去对齐包含对象——如在为图标搭配文字时，图标已经排列好，需要移动文本框去对齐图标。可因为文本框通常会比图标更长，从水平方向上来看，图标就是被包含在文本框范围内的。此时使用水平居中对齐命令，出现的情况就是图标移动，而不是文本框移动，这显然不是我们想得到的结果。

想要移动的对象是文本框　　　　　　实际移动的对象是图标

同样的情况，使用 OK 插件来做居中对齐就会大不相同。我们只需先选中图标，再按住 Shift 键选择文本框，单击 OK 插件的"对齐递进 - 经典对齐"，在弹出的对话框中单击"横居中"按钮，文本框就会乖乖移动过去对齐图标的位置了。

所以你看，OK 插件真的是以 PPT 制作者的角度出发，实实在在地解决每一个细节的需求，让 PPT 的制作过程变得更加顺畅。

7.10 用OK插件显示色值、数值上色

显示色值

对于 PPT 有一定水平的朋友来说，在网络上去搜索和下载素材已经是家常便饭，在 1.15 节中，我们曾向大家推荐过"阿里巴巴矢量图标库"，这个素材库的一大优势就是可以在网页上预先设置好图标的颜色，再进行下载，方便了不少 PowerPoint 还未更新到最新版，无法使用可变色 SVG 格式图标的朋友。

可在备选颜色中选择颜色 也可以指定十六进制颜色

▲ 阿里巴巴矢量图标库中指定图标颜色环节

不过，因为网站使用的是十六进制色值来指定颜色，这就导致了一个很现实的问题——如果我要把图标指定为与 PPT 中某形状同一种颜色，以求得视觉上的统一，如何得知该形状所使用颜色的十六进制色值是多少呢？**PPT 里可是使用 RGB 值来确定颜色的呀！**

又是一个使用频率不见得有多高，但的确是有真实需求的场景，OK 插件再一次为我们提供了解决方案。

我们只需选中已经填充好颜色的形状，然后单击 OK 插件的"显示色值"功能，在下拉菜单中选择"十六进制色值"（图中应为"十六进制"），形状内部就会出现色值的文字。选中复制后，粘贴到"阿里巴巴矢量图标库"网站，就能将图标指定为与该形状一样的颜色了。

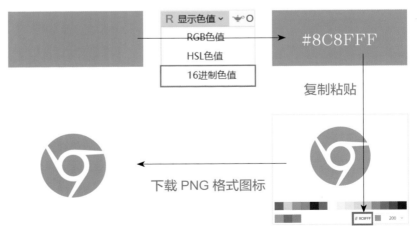

▲ 使用 OK 插件获得指定纯色形状的十六进制色值

数值上色

把上例中的逻辑关系反过来——如果是先从网页上知道了某种颜色的十六进制色值，想要在 PPT 里为形状填充这种颜色又能不能办到呢？答案是肯定的，不过这就要用到 OK 插件的另外一项功能了，那就是"OK 神框"。

OK 神框虽然位于"颜色组"，但它的功能实际上是非常强大而综合的，单单把这一个功能讲透，或许都需要用一整章的篇幅，如果大家有兴趣可以学习相关教程自行研究，也可以在微博上和 @Jesse 老师交流，这里我们先来了解"OK 神框"里的"数值上色"功能。

⚙ 用 OK 插件为形状做十六进制色值上色

单击"OK 神框"，在弹出的小窗口中打开下拉菜单——这是一个很长的下拉菜单（下图中还未显示完），你可以想象这个功能有多么强大。选中需填色的形状，使用下拉菜单第一项"数值上色"，填入十六进制色值，填色就完成了。

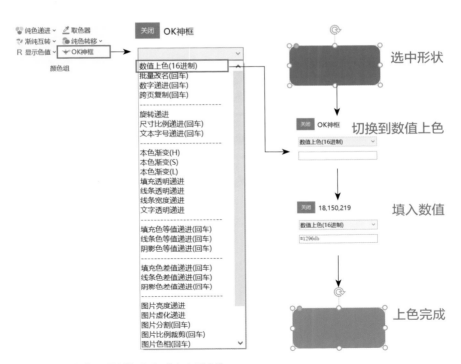

注：图中的"16 进制"应为"十六进制"

7.11　挑战PS：OK插件之"图片混合"

　　因为 OK 插件的功能实在是太多太强大，我们无法将每一个功能都在书里介绍，这里再介绍一项堪称"逆天"的功能——图片混合，作为本章 OK 插件部分的结尾好了。

　　玩过 PS 的朋友对"图片混合"功能都应该有所了解，那么这个功能在 PPT 里又有哪些作用呢？下面来看一个例子。

⚙ 使用"滤色"和"正片叠底"更改图标颜色

　　在前面的实例中，我们已经了解到图标能更改颜色的话，就可以更好地与 PPT 的主题颜色或页面内容进行匹配。也正是因为如此，我们才向大家大力推荐"阿里巴巴矢量图标库"这样支持图标改色的网站。

　　但是有时候，我们手里却只有 PNG 格式的图标图片，怎么对图片改色呢？如果没有插件，我们就只能通过"重新着色"功能来凑合。

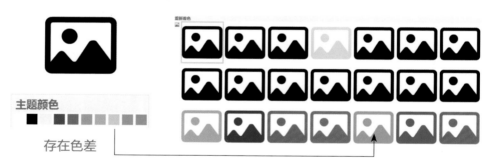

▲ 使用"重新着色"可将图片的颜色转变为近似主题色

　　从上页图可以看出，"重新着色"里的可选颜色是根据主题色来定义的，想要更改为其他颜色那就得更改主题色，而更改了主题色又势必对 PPT 中其他元素的配色有所影响。即便不考虑这些因素，变色后的图片颜色也与主题色有一定差异，并非我们想要变化的颜色。

而使用 OK 插件，我们就可以非常精准地把图片格式的图标变为指定颜色。只需在页面上绘制一个指定颜色的矩形，然后将图标放在矩形范围中。

按住 Shift 键或 Ctrl 键，先选矩形再选图标，单击 OK 插件"图片混合"功能展开下拉菜单，使用"滤色"模式，图标似乎就消失了。

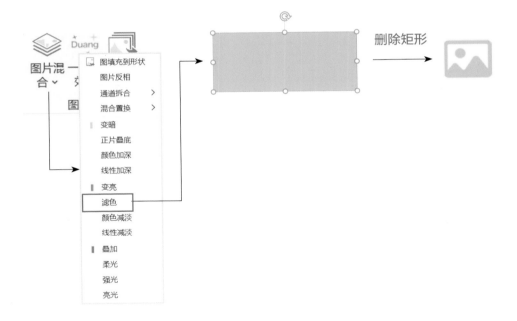

其实不然，直接按 Del 键删除矩形，你就能看到图标已经完成了变色。正因为它与矩形颜色完全一致，你才误以为它消失了。

"滤色"模式可以更改黑色的图片图标，如果图标原本是白色图片，则需要使用"正片叠底"模式。其他颜色的图片图标，先最大化或最小化亮度值变成白色或黑色后再变色即可。

7.12　PA插件：让普通人也能玩转动画

不知道你还有没有印象，口袋动画 PA 插件在本书的第 1 章里就有提及。当时说到高手的 PPT 动画，就算你拿到源文件也不一定看得懂——因为它们可能应用了很多在 PA 插件辅助下制成的自定义函数动画。

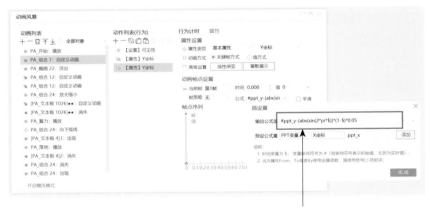

动画行为函数公式：#ppt_y-(abs(sin(2*pi*$))*(1-$)*0.05

看到这个长长的函数公式，你是不是觉得这些动画只有那些整天钻研动画，数学还学得很好的 PPT 动画狂热爱好者才能做出来，普通人根本无法涉足呢？

为了解决这个问题，插件的设计者们可以说是不遗余力，他们把各种常用的公式动画效果做成了"动画库"，就如同 iSlide 插件的那些资源库一样。你只需浏览或搜索，然后按需下载，就能把这些你原本不会的动画效果添加到指定的对象上。

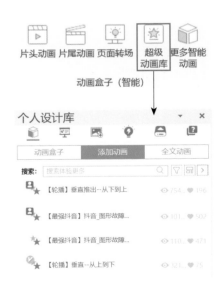

例如，我想把某一个文本框加上抖音的故障风动效，只需选中写好文字内容的文本框，单击动画库中抖音故障风动画右侧的下载按钮，文本就被自动加上了抖音动画。

你也许会觉得奇怪，明明我只是做好了一个黑色文字的文本框，怎么套用动画之后就变出湖蓝色和桃红色了？打开"动画窗格"你就会发现，原来插件自动为我们复制出了湖蓝色和桃红色的文本，并分别设置了动画。

▲ 复制、改色、设置动画一系列操作只需单击一次鼠标即可完成

这就是 PA 插件"动画库"功能的设计思路——用户无须明白那些复杂的动画是怎么做出来的，你只需在"动画库"中预览并指定某一种动画效果，插件就会自动替你完成实现此动画所需的所有操作，哪怕要实现这个效果还需要诸如复制、改色等一系列的非动画操作（部分效果为付费会员专属）。

7.13 处理无法嵌入字体的更优选择

在第 1 章"防止字体丢失的几种方法"一节里，我们给大家介绍过将无法嵌入的字体复制后选择粘贴为图片的方法。结合 OK 插件里的"一键转图"功能，操作还能更加简单：只需选中特殊字体文本框，单击一下"一键转图"，就能将文本直接变为图片。

　　不过，转为图片后的文字选框会明显扩大，文字也不再位于选框中央位置，这对后续的对齐操作产生了较大的负面影响。如果后续需要放大文字，也可能会有模糊失真的情况出现。因此，需要大家掌握使用"合并形状"将文字变为形状的方法。形状化的文字是矢量图形，可以随意改色，放大之后也不会失真，效果很好，只是从操作上讲，还需要额外绘制形状再执行"合并形状"命令，稍微有些烦琐。

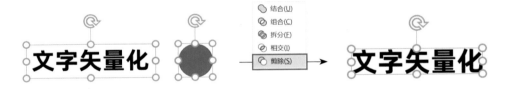

　　上面这两种方法，一个操作更简便，另一个效果更好。都说"偷懒是第一生产力"，善于偷懒的你一定会问：**有没有什么方法能兼顾效果和简便性呢？**

✿ 使用 PA 实现文本的一键矢量化

　　首先使用文本框工具输入文字，为其设置一款不支持被嵌入的字体，如思源黑体。

选中文本框，单击 PA 插件最右侧的开关，将插件切换为专业版，找到"矢量工具"按钮，选择下拉菜单中的"文字矢量"，即可完成文本矢量化处理。

专业版拥有更多高级功能
盒子版更适合快速套用资源模板

最后要注意一点，和文字转图不同——转为图片，字体选择框直接变为灰色不可选状态；而转为形状，字体选择框仍然显示之前文字的字体。这就会导致在最后嵌入字体保存时，软件依然提醒你 PPT 里存在"思源黑体"，无法被嵌入。因此，一定要手动将字体选择为其他支持嵌入的种类。放心，文字的样式是不会改变的，仅仅是换掉名字、取消软件对字体使用的计次而已。

▲ 文字已经矢量化，但系统并未去掉它"思源黑体"的字体属性

　　除了"文字矢量"，"矢量工具"还包含多种功能。如"文字拆分"功能，就能帮助我们把文字的所有不粘连笔画拆分成多个对象。

　　在前面的实例中，我们曾拆分了"时间"两个字，因为使用的是"合并形状"，拆分文字笔画里所有的密闭空间都变成了形状，需要手动逐一删除。而使用"文字拆分"，一次性就能搞定，能帮我们省下不少时间。

使用"合并形状 - 拆分"　　　　　　　　使用 PA 插件"文字拆分"

7.14　"路径对齐"与"动画复制"

　　在制作路径动画时，我们往往需要将一系列的路径动画集合起来，做成一整套的路径运动动画（如下面左图的 A-B-C 路径）。但如果只是简单地为这个圆添加一次水平路径动画，再添加一次垂直路径动画，得到的效果却是右边那样（A-B、A-C）。

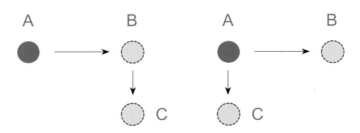

你的预期效果（A-B-C）　　　　　　实际动画效果（A-B, A-C）

▲ 连续设置路径动画，并不能把多段路径连接起来

　　想要得到左侧的（A-B-C）效果，还需要手动选中垂直运动路径，将其向右拖移，使其起点与 B 的位置重合。

选中垂直路径
向右拖动

拖动至此位置 →

单单这么一个操作可能还并不算太麻烦，但如果我们有 10 段路径动画需要连贯起来呢？难道也这样一个个地手工拖动吗？利用 PA 插件，我们完全可以免除这样的烦琐操作。

扫码看视频

✿ 使用 PA 制作 10 段步进的卡通头像进度条

首先，绘制一个长长的内阴影圆角矩形，将卡通头像放置在矩形上。

为头像设置直线动画并改变方向为向右。

设置完成后头像上会出现动画路径

按住 Shift 键缩短水平路径动画的长度，然后双击动画窗格中的路径动画打开效果选项面板，取消"平滑开始"和"平滑结束"。

缩短路径长度

接下来我们要将向右移动的动画复制 9 次。在通常情况下，动画是不能直接复制的，**即便使用动画刷也无法反复为同一个对象添加相同的动画**。但好在我们有 PA，一切皆有可能。

选中头像，单击 PA 插件"动画复制"，提示复制成功，反复单击"动画粘贴"，粘贴 9 次动画。完成粘贴后，头像就被设置了总共 10 次向右移动的动画。不过此时每一次移动动画的起止点都是重复的，想要做出步进效果，还需要让这些路径首位相接——使用 PA 插件的"路径对齐"功能就能实现这个效果。

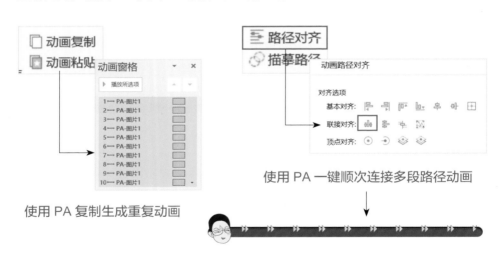

使用 PA 复制生成重复动画

使用 PA 一键顺次连接多段路径动画

7.15　动画风暴、动画行为与动画合并

作为一款动画插件，PA 插件最强大的核心功能可以说是非"动画风暴"

莫属了。不过如果你对 PPT 动画研究不多，想要玩转这个功能恐怕还是有些难度。这是因为动画风暴比起 PPT 自己的动画功能来，又深入了一个层次。

使用 PPT 自己的动画，用户只能是在一些已经做好的动画效果（如飞入、缩放）中去挑选一种效果；而使用动画风暴，则是**把所有动画效果还原回动画行为**（如飞入动画的行为是对象 x、y 坐标位置的变化；缩放动画的行为是对象宽度和高度的变化），用户可以自行搭配这些细碎的动画行为，制作出许多 PPT 中原本没有的动画效果来。

例如，在前面章节里曾多次出现的《雾霾知识小讲堂》PPT 中的这一页，它的动画效果是帽子下落戴到小朋友头上，小朋友的头因此发生弹性压缩和反弹，帽子也随之回弹一段距离。

▲ 小朋友的头有一个压扁然后回弹的过程，帽子有个先落后升的过程

这里用到的弹性动画就是使用动画风暴功能控制对象的动画行为实现的。参与头部"弹性压缩"动画的动画行为有"属性 - 宽度"和"属性 - 高度"。增大宽度的同时缩小高度，就给观众带来了"压扁"的视觉感受。

正是因为 PA 插件可以从动画行为层面去自定义动画效果，也就滋生出了一些特殊的功能，其中比较有代表性的一个就是"动画合并"。

✿ 利用 PA"动画合并"制作星星闪烁效果

下载一张带星星的夜空图片，图片上最好是有几个比较突出的星星。将图片设置为幻灯片背景后，在突出的几个星星上绘制圆形、柔化边缘、填充白色。

需要注意的是较小的星星覆盖的圆形尺寸会相应较小，柔化边缘的磅值也就需要调节小一些。为最大的圆添加"淡化"的进入和退出动画，完成之后效果如下。

此时如果将"淡化"退出动画设置为"上一动画之后"，星星就能呈现出忽明忽暗一次的效果。但由于"淡化"的进入和退出是两个不同的动画，想要这种忽明忽暗的效果一直重复下去，只能再继续手动添加新的"淡化"进入和"淡化"退出，并设置为"上一动画之后"——如果这页 PPT 是作为一个讲故事或诗朗诵节目的背景，很有可能需要一直播放数分钟，忽明忽暗的效果或许需要重复上百次，全靠手动设置的工作量是不可想象的。

手动添加动画　　设置为"上一动画之后"

与此同时，设置动画重复次数的做法也不可行，因为你只能单独设置"淡化"进入的重复和"淡化"退出的重复，而我们需要的却是"淡化进入-淡化退出"这个过程的重复，二者是有明显区别的。PPT只支持对单个动画设置重复，不支持为多个动画设置重复，怎么办？把多个动画合并成一个不就行了？

选中圆，单击PA插件的"动画合并"，原来的两个动画就会拼合成一个新的动画，这个动画就包含了"淡化进入-淡化退出"的完整过程（其实就是把两个动画效果各自的动画行为放入了同一个动画里）。

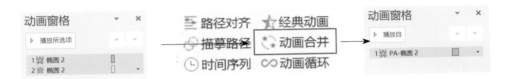

现在我们就可以在"计时"中为这个由两个动画合并而成的新动画设置重复次数了。

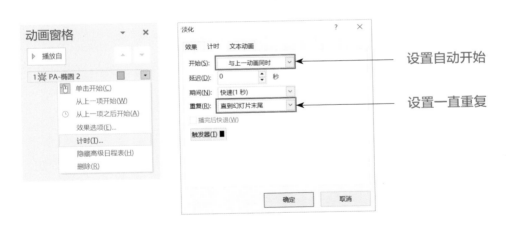

选中设置好动画的圆，依次单击PA插件的"动画复制""选择清除-反向选择""动画粘贴"，可以快速把这个动画设置给页面上的其他圆。

如果你觉得所有的星星一起同步忽明忽暗不太自然，还可以使用PA的"时间序列"功能，为页面中的所有动画设置"0~2秒"的随机延迟。

设置随机延迟后

7.16　PA插件的其他功能

除了前面提到的这些功能，PA 插件还有许多实用的功能，相比 iSlide 和 OK 插件，它的功能涵盖面更广，综合性更强，诸如"动画风暴"一系列功能也有更高的深度，非常值得我们去研究学习。如果你有兴趣的话，可以自行寻找相关的学习资料，口袋动画的官方微博、PPT 大神们的公众号，都是不错的选择。

这里再给大家简单推荐几个 PA 插件的功能。

超级组合

"超级组合"位于 PA 插件"替换组合"功能的下拉菜单中。众所周知，在 PowerPoint 中，动画是基于对象存在的，所以一旦被赋予了动画的单个对象与其他对象组合到了一起形成了一个组合，那它原有的动画效果就全部丢失了。偏偏有那么一些情况下，我们需要把一些具备动画效果的对象组合到一起，却又想保留它们的动画效果，这个时候，使用"超级组合"就可以在保留对象各自动画效果的同时又把它们编为一组。

超级解锁

"超级解锁"主要包含了"锁定"和"解锁"两方面的功能，它能够非常方便地将页面中的对象安照你的需要进行不同类别的锁定，如不允许移动、不允许旋转、不允许改变大小，甚至不允许选中。像右边这种使用了全屏大小矩形衬底的设计方案，由于矩形占据了整个页面，导致我们无论在页面上哪里点下鼠标，都会把这个矩形选中，容易造成误操作。此时，选中矩形，在 PA 插件"超级解锁"下拉菜单中的"加锁选项"中勾选"锁定选中"，然后选择"对象锁"，矩形就无法被选中了。

如何才能避免误选到底部矩形？

对于这种无法被选中的对象，要解锁就只能选择"解锁所有"，将页面上其他已锁定的对象与之一起解锁。

除了"加锁"和"解锁"，超级解锁功能还可以开启"智能缩放"。在 4.7 节中，我们曾经提到过一个案例，用形状绘制的熊本熊，由于没有先编组就直接放大，结果面目全非。而只要开启 PA 插件的"智能缩放"，放大未编组的一系列对象时，**插件会在放大后自动修正每个元素的位置，将它们移动到**正确的位置（用完记得关闭，以免造成卡顿，影响后续操作）。

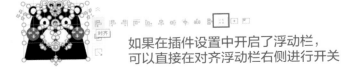

如果在插件设置中开启了浮动栏，可以直接在对齐浮动栏右侧进行开关

页面撑高

相信有一定 PPT 制作经验和经历的朋友都遇到过这种情况：当我们放大页面显示比例后，用鼠标滚轮控制页面的显示位置，想要显示出最底部或最顶部的页面细节时，一不小心滚轮多滚了那么一下，PPT 就直接往后或往前翻页翻过去了，特别不方便。"页面撑高"就是用于解决这个问题的专属功能。

单击"定位排版 - 页面撑高"，设定撑高页面的值，整个页面的可滚动范围就大大增加，在页面边缘位置进行操作，再也不用担心误翻页的情况出现了。

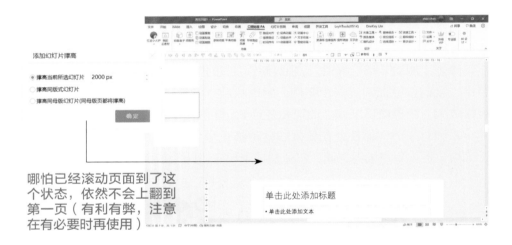

哪怕已经滚动页面到了这个状态，依然不会上翻到第一页（有利有弊，注意在有必要时再使用）

口袋 / 专业模式

前面我们说这些功能大都是在"专业模式"下才能看到的功能，"专业模式"里的功能大都偏制作设计，而默认的"口袋模式"中的功能则更偏向资源需求。我们曾讲到如何在"口袋模式"和"专业模式"下切换，如果你发现找不到这些功能的话，不妨检查一下，自己是不是还处于"口袋模式"下。

7.17　LvyhTools：小众化但同样强大

前面推荐了 iSlide、OK 和 PA 三款主流插件，但这并非市面上出现的所有 PPT 插件，一些相对小众的插件仍然有着不错的功能。LvyhTools 就是其中的佼佼者（因作者名叫吕英豪得名，又叫英豪工具箱），如果你的电脑性能还不错，安装了前三款插件之后没有被明显拖慢速度，那推荐你去安装试玩一下。

同样简单介绍几个英豪插件独有的特色功能。

字体收藏

在 PowerPoint 的字体列表里，英文字体是排在中文之前的，为了把字体设置成某种中文字体，打开字体列表之后，通常需要向下滚动好久才能看到中文字体。英豪工具箱针对这个痒点，提供了"字体收藏"功能。

我们只需单击英豪工具箱"字体"功能区右下角的对话框启动器按钮，就可以在弹出的对话框中将常用字体添加到收藏列表。

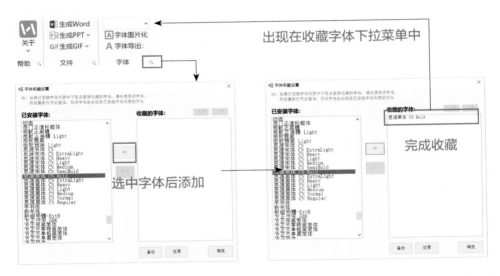

右键单击展开下拉菜单的箭头按钮，将插件的"字体收藏"窗口添加到"快速访问工具栏"，我们就得到了简洁得多的常用字体列表，往后就可以非常高效地为 PPT 中的文字设置字体了。

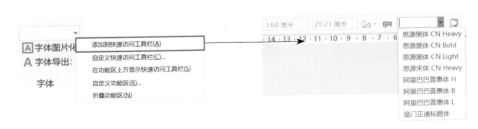

▲ 用好字体收藏功能，有效避免鼠标滚轮磨损

圆角工具

圆角矩形大家都会画，可你知道如何画圆角三角形吗？在没有英豪工具箱的情况下，我们只能使用圆角矩形和三角形来拼接出圆角造型，然后通过"合并形状"生成圆角三角形，接头的地方还很容易出现不平滑的现象。

▲ 传统制作圆角三角形的方法

如今有了英豪工具箱，你只需选中绘制的三角形，单击"编辑形状 - 圆角工具"，在弹出的对话框中输入圆角半径，就能快速生成圆角三角形。

不但可以生成圆角三角形，还能生成圆角梯形、圆角平行四边形、圆角六边形等各种圆角形状，软软糯糯的造型非常适合用在卡通风格的 PPT 里。

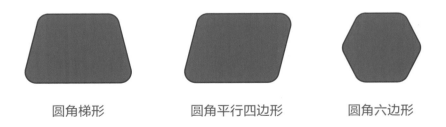

圆角梯形   圆角平行四边形   圆角六边形

分割图形

有时为了设计或动画的需要，我们可能要把图片分割成多个部分。在过去，我们只能借助其他工具先对图片进行预处理，然后再把分割好的图片插入 PPT 里。有了英豪工具箱，直接在 PPT 里就能完成分割图片、形状的任务。

选中图片，在英豪工具箱的"裁图"功能区中填入想要分割的行列数量，然后单击下方的"分割图 / 形"就能完成对图片或形状的分割。

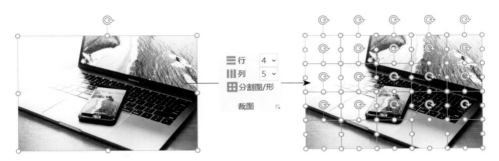

▲ 使用英豪工具箱快速切分图片或形状

为图片添加上动画，再结合 PA 插件做一点随机延迟，我们就能以一种特别的方式将一张图片呈现在观众眼前，不知情的观众可能还会误以为这是一种全新的动画效果。

▲ 英豪分割图片 + 淡化进入动画 +PA 随机延迟

沿线分布

最近两年，网络上各种各样的社群发展得如火如荼，就算你没有亲自参加过社群活动，也一定在朋友圈里看到过微信好友参加社群的分享、打卡等动态。在社群活动开始和结束的时候，总会流行晒一晒本次活动的"全家福照片"。网络上的活动，当然没法晒真人大合影了，通常大家就用头像来代替。像下面这样的 500 人（头像）全家福海报，你有没有思考过制作者是如何把这么多头像都一个挨一个地排列起来，排列成一个规则的圆形的呢？

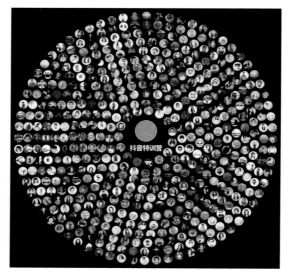

▲ 这么大的工程量，很显然不会是手动排列的

其实要制作出这样的海报，在 PPT 里就能实现，**其中最关键一步就是利用英豪工具箱的"沿线分布"功能，将所有人的头像分布排列到一系列的同心圆上去**。Jesse 老师曾经就这个效果写过一个完整的教程，这里只截取与英豪工具箱相关的部分做一下简要说明。

当 500 人的头像都插入到 PPT 里并完成了统一尺寸、裁剪为圆形的操作之后，使用椭圆工具按住 Shift 键绘制一大一小两个圆形，设置无填充并居中对齐。因为 500 人这个数量比较多，因此需要把两个圆的大小差异拉大一些。

选中两个圆形，使用英豪工具箱的"位置分布 - 形状补间"功能，设置补间数量为 10（群人数少就少设置几个），在两个圆中间生成 10 个过渡同心圆。

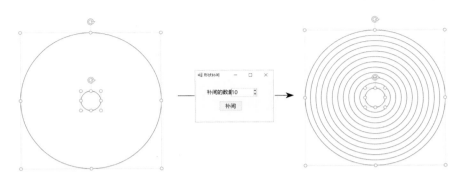

▲ 和 iSlide 插件类似的形状补间功能

把所有同心圆全选编为一组，然后按住 Shift 键，先选择同心圆组合，再框选所有的头像图片，使用英豪工具箱的"**位置分布-沿线分布-保持原角度**"功能，就可以把所有的头像均匀地分布放置到同心圆上去了。

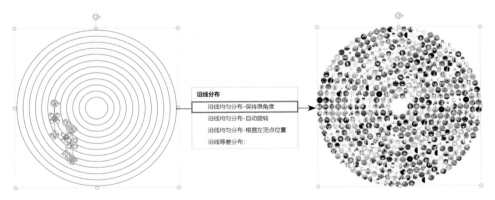

▲ 1 秒完成手动排列一整天都无法完成的效果

删除辅助用的同心圆组合，将头像都组合到一起，整体缩小、背景填充为黑色，最后再在中央放上社群 Logo，全家福海报就完成了。

7.18 到哪里能下载到这些神奇的插件

本章提到的四款插件，iSlide 和口袋动画 PA 均已商业化运作，因此直接百度搜索就能找到它们的官网。

OK 和 LvyTools 插件则需要通过其他搜索引擎（国内用户推荐使用 Bing）才能搜索到它们的官网。

iSlide 和 OK 插件的官网都提供了插件完整功能的介绍演示视频，初学者可以在安装好插件之后根据这些视频迅速上手，最大限度地提升制作 PPT 的效率、减少工作中花在 PPT 制作环节的时间，**把精力都留给安排构架、逻辑梳理等工作**，毕竟这些才是 PPT 最重要、最核心的部分！